JN132466

アクセスノート生物基礎　　もくじ

中学理科の復習

① 生物の特徴→ p.4 ～ 21

- **細胞**…生物のからだをつくる基本単位。

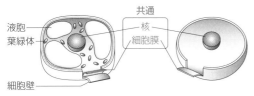

核	丸い形をした構造。染色液(酢酸オルセイン溶液)によく染まる。
細胞質	核以外の部分。液胞・葉緑体・細胞膜も細胞質に含まれる。
細胞膜	細胞質の外側にある薄い膜。
細胞壁	植物細胞の細胞膜の外側にある厚くて丈夫なしきり。
葉緑体	植物細胞に見られる緑色の粒。光合成が行われる場所。
液胞	細胞の活動によってつくられた物質や水を貯蔵する場所。

- **消化液**…食物の消化にかかわる液。**消化酵素**が含まれている。
- **光合成**…光を受けて，根から吸収した**水**と葉の**気孔**から取り入れた**二酸化炭素**から**デンプン**(養分)をつくる働き。

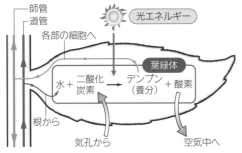

- **呼吸**…細胞において**酸素**を使って養分を分解し**エネルギー**を取り出すこと。このとき**二酸化炭素**と**水**ができる。
- **単細胞生物**…からだが１つの細胞からできている生物。
- **多細胞生物**…からだが多くの細胞からできている生物。形や働きの同じ細胞が集まって**組織**となり，組織が集まって**器官**となり，器官が集まって**個体**となる。

② 遺伝子とその働き→ p.22 ～ 39

- **細胞分裂**…１つの細胞が２つに分かれること。

体細胞分裂	からだをつくる細胞を増やす分裂。染色体の数はもとの細胞と同じ。
減数分裂	生殖細胞ができるときの分裂。染色体の数がもとの細胞の半分になる。

- **染色体**…細胞分裂中に見られるひも状のもの。
- **形質**…生物の形や性質の特徴。
- **遺伝子**…形質を決めるもとになるもの。
- **DNA**…遺伝子の本体。デオキシリボ核酸の略。

③ 生物の体内環境とその維持→ p.40 ～ 67

- **心臓**…血液を全身に循環させる器官。
- **血液**…養分や酸素，二酸化炭素を運搬する働きがある。固形成分に**赤血球，白血球，血小板**，液体成分に**血しょう**がある。

赤血球	酸素を運搬する。ヘモグロビンを含む。
白血球	細菌などの病原体を排除する。
血小板	血液を固まらせる。
血しょう	血液中の液体成分。養分が溶けている。

- **血管**…心臓から送り出された血液が流れる血管を**動脈**，心臓へ戻ってくる血液が流れる血管を**静脈**という。動脈と静脈は**毛細血管**という細い血管でつながっている。
- **組織液**…血しょうが毛細血管からしみ出した液体。細胞と細胞の間を満たしている。
- **肝臓**…体内のアンモニアを**尿素**に変える器官。
- **腎臓**…血液中の不要な物質や余分な水・無機物を**尿**として排出する器官。

④ 生物の多様性と生態系→ p.68 ～ 87

- **種子植物**…種子でなかまを増やす植物。

被子植物	胚珠が子房に包まれている植物。
裸子植物	胚珠が子房に包まれていない植物。

- **シダ植物・コケ植物**…胞子でなかまを増やす植物。
- **食物連鎖**…生物間に見られる「食う－食われる」の関係に基づくつながり。

生産者	無機物から有機物をつくる生物。
消費者	ほかの生物を食べて養分を得る生物。
分解者	生物の遺体や排出物を分解し養分を得る生物。

- **物質の循環**…炭素や窒素などの物質が自然界を循環すること。

確認問題

□(1) 生物のからだは(　　　　　　)を基本単位としている。

□(2) 植物と動物の細胞に共通して見られ，丸い形の構造をした(　　　　　　)は，染色液の酢酸オルセイン溶液によく染まる。

□(3) 細胞質の外側は，(　　　　　　)という薄い膜になっている。

□(4) 植物細胞の(　　　　　　)は，光合成が行われる場所である。

□(5) 植物細胞の(　　　　　　)には，細胞の活動でできた物質や水が貯蔵されている。

□(6) 食物に含まれる有機物には(　　　　　　)，炭水化物，脂肪がある。

□(7) 消化液には，食物を分解する(　　　　　　)という物質が含まれている。

□(8) 植物は，光を受けて水と(　　　　　　)からデンプンをつくる光合成を行う。

□(9) 光合成によって生じる(　　　　　　)は植物細胞の呼吸に使われる。

□(10) 葉の気孔から水が水蒸気となって空気中へ出ることを(　　　　　　)という。

□(11) 細胞において，酸素を使って養分を分解しエネルギーを取り出すことを(　　　　　　)という。

□(12) 細胞が呼吸を行うと，エネルギーのほかに，二酸化炭素と(　　　　　　)ができる。

□(13) からだが1つの細胞でつくられている生物を(　　　　　　)という。

□(14) 多細胞生物には形や働きの同じ細胞が集まった(　　　　　　)が見られ，これが集まって器官を形成している。

□(15) 1個の細胞が2つに分かれて2個の細胞になることを(　　　　　　)という。

□(16) 多細胞生物は(　　　　　　)を行ってからだをつくる細胞の数を増やす。

□(17) 細胞分裂中の細胞に見られるひも状のものを(　　　　　　)という。

□(18) 生物の形や性質を(　　　　　　)という。

□(19) 染色体には生物の形質を決める(　　　　　　)がある。

□(20) 卵細胞や精細胞のように生殖にかかわる細胞を(　　　　　　)という。

□(21) 生殖細胞は，(　　　　　　)分裂という特別な細胞分裂によってつくられる。

□(22) 遺伝子の本体は(　　　　　　)である。

□(23) 心臓から送り出される血液が流れる血管を(ア　　　　　　)といい，心臓へ戻ってくる血液が流れる血管を(イ　　　　　　)という。

□(24) 酸素を多く含む血液を(ア　　　　　　)，二酸化炭素を多く含む血液を(イ　　　　　　)という。

□(25) 組織に張りめぐらされている非常に細い血管を(　　　　　　)という。

□(26) 赤血球は(ア　　　　　　)とよばれる赤い色素を含み，(イ　　　　　　)の運搬を行う。

□(27) 血球のうち，(　　　　　　)は細菌などの病原体を分解する。

□(28) (　　　　　　)には，出血したときに血液を固まらせる働きがある。

□(29) 血液中の液体成分を(　　　　　　)という。

□(30) 血しょうが毛細血管からしみ出した液体を(　　　　　　)という。

□(31) 体内でタンパク質が分解されるときに生じるアンモニアは，肝臓で(　　　　　　)という無害な物質に変えられる。

□(32) (　　　　　　)の働きによって，尿素はほかの老廃物とともに体外に排出される。

□(33) 種子植物は，胚珠が子房に包まれている(ア　　　　　　)と胚珠が子房に包まれていない(イ　　　　　　)に分けられる。

□(34) 種子をつくらず胞子で増える植物には，コケ植物や(　　　　　　)などがある。

□(35) 生物間に見られる「食う－食われる」の関係に基づくつながりを(　　　　　　)という。

□(36) 無機物から有機物をつくることができる生物を(　　　　　　)という。

□(37) 植物やほかの動物を食べることで養分を取り入れる生物を(　　　　　　)という。

□(38) 遺体や排出物に含まれる有機物を分解し養分を得る生物を(　　　　　　)という。

□(39) 物質は自然界の中を(　　　　　　)している。

1 顕微鏡の使い方

1 顕微鏡の使い方
①反射鏡を調節し，必要十分な光量にする。
②プレパラートをステージにのせ，調節ねじを回して対物レンズとプレパラートを近づける。
③調節ねじを回しピントを合わせる。
④観察する部分を視野の中央に移動させる。
⑤倍率を上げ，ピントやしぼりを調整して観察する。

2 分解能
2つの点として識別できる最小距離を**分解能**という。
●肉眼と顕微鏡の比較

比較項目	肉　眼	光学顕微鏡	電子顕微鏡
光の種類	可視光線	可視光線	電子線
分解能	0.1 mm	0.2 µm	0.2 nm

3 距離の単位

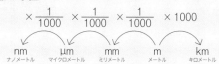

nm　　　µm　　　mm　　　m　　　km
ナノメートル　マイクロメートル　ミリメートル　メートル　キロメートル

4 ミクロメーターによる測定
接眼ミクロメーター1目盛りの長さを**対物ミクロメーター**の目盛り（1目盛り10 µm）をもとに求めてから，接眼ミクロメーターで観察物の大きさを測定する。

接眼ミクロメーター

対物ミクロメーター
0.01 mm

①接眼レンズに接眼ミクロメーターを入れる。
②対物ミクロメーターをステージにのせる。
③対物ミクロメーターの目盛りにピントを合わせる。
④両者の目盛りが重なり合う2点を探し，それぞれの目盛り数を読み取る。

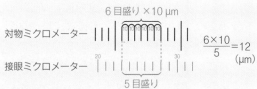

6目盛り×10 µm

対物ミクロメーター　　$\dfrac{6 \times 10}{5} = 12$ (µm)

接眼ミクロメーター

5目盛り

⑤接眼ミクロメーター1目盛りの長さを求める。

接眼ミクロメーター1目盛りの長さ(µm)
$= \dfrac{\text{対物ミクロメーターの目盛り数} \times 10 \,(\text{µm})}{\text{接眼ミクロメーターの目盛り数}}$

⑥レンズの組合せを変え，各倍率で接眼ミクロメーター1目盛りの長さを求める。
⑦対物ミクロメーターを外して試料を検鏡し，接眼ミクロメーターの目盛り数から長さを計算する。

ポイントチェック

□(1) 顕微鏡の構造の名称を入れよ。

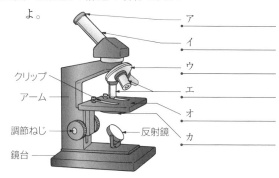

クリップ
アーム
調節ねじ
鏡台
反射鏡

ア
イ
ウ
エ
オ
カ

□(2) 顕微鏡で，光量を調節するところはどこか。

□(3) 顕微鏡で，ピントを調節するところはどこか。

□(4) 顕微鏡で，プレパラートはどこへ置くか。

□(5) 顕微鏡で，対物レンズをかえるときに動かすところはどこか。

□(6) 顕微鏡でコントラストをつけて見やすくするときに調節するところはどこか。

□(7) 1 mm は何 µm か。

□(8) 1 nm は何 µm か。

□(9) 2つの点として識別できる最小の距離を何というか。

□(10) 肉眼において，(9)はどれくらいか。

□(11) 光学顕微鏡において，(9)はどれくらいか。

□(12) ウイルス，ゾウリムシ，ヒトの赤血球を，ア.肉眼で存在がわかるもの，イ.光学顕微鏡で初めて観察できるもの，ウ.電子顕微鏡でなければ観察できないものに分けよ。

ア
イ
ウ

□(13) 倍率を変化させると，見え方が変化するのは対物ミクロメーターか，接眼ミクロメーターか。

E X E R C I S E

▶**1〈顕微鏡の操作〉** 次の文章は，タマネギの表皮細胞を光学顕微鏡で観察する際の操作手順を示している。正しい順に並べ替えよ。
① 低倍率で接眼レンズをのぞき，視野全体を一様の明るさにする。
② 観察する部分を視野の中央に移動させ，対物レンズの倍率を上げてピントを微調整し，しぼりを操作して明瞭な像にして観察する。
③ 材料を水で封入してつくったプレパラートをステージに置く。
④ 低倍率で，横から見ながら調節ねじを回し，対物レンズとプレパラートをなるべく近づけておく。
⑤ 接眼レンズをのぞき，調節ねじで対物レンズとプレパラートの間を遠ざけながらピントを合わせる。

▶**2〈顕微鏡〉** 顕微鏡の見え方について，下の問いに答えよ。
(1) 小さく「あ」と書かれたプレパラートを一般的な光学顕微鏡で観察した場合，どのように見えるか。正しいものを1つ選べ。
① あ　② ＄　③ ♀　④ ⴼ
(2) (1)で観察中にスライドガラスを右上に動かした場合，視野中のものはどのように移動するか。正しいものを1つ選べ。
① 右上　② 右下　③ 左上　④ 左下

▶**3〈ミクロメーター〉** 図1はある倍率で観察したときの接眼ミクロメーターと対物ミクロメーターを表しており，図2は同じ倍率でゾウリムシを観察したときの観察像である。対物ミクロメーターの1目盛りは1 mmを100等分した長さとし，下の問いに答えよ。

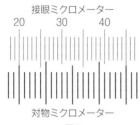
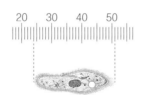

図1　　　　　　　　　図2

(1) 接眼ミクロメーター1目盛りの長さは何 μm か。
(2) このゾウリムシの長さは何 μm か。
❓(3) この顕微鏡の対物レンズを高倍率に変えた場合，接眼ミクロメーター1目盛りの長さはどう変化するか。正しいものを1つ選べ。
① 長くなる　　② 短くなる
③ 変化しない　④ 顕微鏡による

▶**4〈細胞の大きさ〉** 次の①〜⑧を，大きさの小さい順に並べよ。
① ゾウリムシ　② ニワトリの卵　③ ヒトの赤血球
④ 水素原子　　⑤ メダカの卵　　⑥ 大腸菌
⑦ ヒトの卵　　⑧ インフルエンザウイルス

▶**1**
　　→　　　　→
　　→

▶**2**
(1)
(2)

▶**3**
(1)
(2)
(3)

▶**4**
　→　　　→　　　→
　→　　　→　　　→
　→

2 生物の多様性と共通性①

1 生物の多様性

生物は共通の祖先が**進化**して多様化したと考えられている。

進化…生物の形質が世代を重ねるうちに変化すること。

系統…生物の進化に基づく類縁関係のこと。類縁関係を樹木のように示した図を**系統樹**という(右図)。

2 生物の共通性

・すべての生物は**細胞**からできている。

・遺伝物質として **DNA** をもち,細胞分裂の際に DNA を**複製**し,分裂後の細胞に受け渡す。

・細胞内では化学反応(**代謝**)が行われ,代謝に伴うエネルギーのやりとりには **ATP** が使われている。

・体内や細胞内をほぼ一定の状態に保つ(**恒常性**)。

3 細胞の構造と働き

細胞には,核をもたない**原核細胞**と,核をもつ**真核細胞**がある。真核細胞の内部には,明瞭な機能と形態をもつ構造物があり,これを**細胞小器官**という。

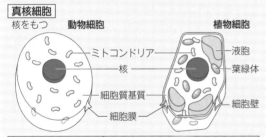

核		細胞の働きを調節。DNA を含む。
細胞質	細胞膜	細胞の内外を仕切る膜。
	細胞質基質	細胞小器官の間を埋める液状部分。
	ミトコンドリア	呼吸の場。独自の DNA をもつ。
	液胞*	物質や水を貯蔵。
	*リボソーム	タンパク質合成の場。
	葉緑体	光合成の場。クロロフィルを含む。独自の DNA をもつ。
細胞壁		細胞の保護や形の維持。主成分はセルロース。

▨ : 植物細胞に見られる構造。
※液胞は植物細胞で発達している。

ポイントチェック

□(1) 世代を重ねるうちに生物の形質が変化することを何というか。

□(2) 生物が進化してきた道筋を反映した類縁関係を何というか。

□(3) 類縁関係を樹木のように示した図を何というか。

□(4) 生物のからだは何を基本単位としてできているか。

□(5) 生物の遺伝物質は何か。

□(6) DNA が細胞質基質に広がっていて明瞭な核が見られない細胞を何というか。

□(7) 明瞭な核が見られる細胞を何というか。

□(8) (7)の細胞を大きく分けると,核と何に分けられるか。

□(9) ミトコンドリアや葉緑体など,明瞭な機能と形態をもつ細胞内の構造物を何というか。

□(10) 細胞内で(9)の間を埋めている部分を何というか。

□(11) 細胞内外を仕切っている構造体を何というか。

□(12) 呼吸の場となる細胞内の構造体を何というか。

□(13) 植物細胞で大きく発達し,さまざまな物質を貯蔵する細胞内の構造体を何というか。

□(14) 光合成の場となる細胞内の構造体を何というか。

□(15) 植物細胞などの外側にあって細胞を支える丈夫な構造体を何というか。

*□(16) タンパク質合成の場となっているのは細胞内のどこか。

▶5 〈生物の多様性と共通性〉 生物の多様性と共通性について述べた次の文章を読み，（ ）に入る適語を答えよ。

　地球上では，現在214万種の生物が知られており，未発見のものを含めると数千万種になるといわれている。これらの生物は，もともと共通の祖先から（　ア　）して多様化したと考えられている。

　多様に見える生物には，いくつかの共通性がある。まず，すべての生物のからだは，（　イ　）からできている。また生物は，外界から物質を取り込み，体内で化学変化させることで必要な物質をつくりだし，不要となった物質を体外に出している。このような体内でのさまざまな化学変化を（　ウ　）といい，化学変化に伴うエネルギーは（　エ　）という物質が仲立ちしている。さらに生物は，自分と同じ特徴をもつ個体を増やす働きをもっており，そのための情報を（　オ　）といい，その本体は（　カ　）という物質である。

▶6 〈原核細胞と真核細胞〉 次の文章の（ ）に入る適語を答えよ。

　生物のもつ細胞は，（　ア　）で外界と仕切られており，その内部にはさまざまな構造がみられる。動物や植物，菌類などの私たちの身近に見られる生物の細胞には，内部にDNAを含んだ（　イ　）が見られる。このような細胞は（　ウ　）細胞とよばれ，その内部には特定の機能や形態をもつさまざまな（　エ　）がみられる。一方，大腸菌などの細菌類やシアノバクテリアなどの細胞は，（　ウ　）細胞に比べて小さく，内部に（　イ　）が見られず，（　オ　）細胞とよばれる。

▶7 〈真核細胞の基本的構造〉 次の図は，動物細胞と植物細胞の模式図である。下の(1)～(7)の説明にあてはまる構造を図のア～キからそれぞれ選び，その名称を答えよ。

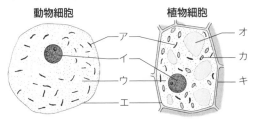

動物細胞　　　　　　植物細胞

(1) 細胞内外を仕切り，物質の出入りを調節する。
(2) 真核細胞では膜に包まれており，遺伝子を含む。
(3) 呼吸の中心的な反応の場となる。
(4) 植物細胞にみられ，光合成の場となる。
(5) 細胞小器官の間を埋めている液状の部分。
(6) 植物細胞などの外側にあり，細胞を保護・支持する。
(7) 植物細胞でよく発達し，内部に色素などを含むものもある。

▶5

ア＿＿＿＿＿＿＿＿＿

イ＿＿＿＿＿＿＿＿＿

ウ＿＿＿＿＿＿＿＿＿

エ＿＿＿＿＿＿＿＿＿

オ＿＿＿＿＿＿＿＿＿

カ＿＿＿＿＿＿＿＿＿

▶6

ア＿＿＿＿＿＿＿＿＿

イ＿＿＿＿＿＿＿＿＿

ウ＿＿＿＿＿＿＿＿＿

エ＿＿＿＿＿＿＿＿＿

オ＿＿＿＿＿＿＿＿＿

▶7

	記号	名称
(1)		
(2)		
(3)		
(4)		
(5)		
(6)		
(7)		

3 生物の多様性と共通性②

1 細胞を構成する物質

●真核細胞　　　　　●原核細胞

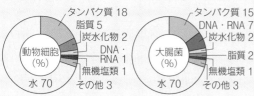

タンパク質 18
脂質 5
炭水化物 2
DNA・RNA 1
無機塩類 1
その他 3
水 70
動物細胞（%）

タンパク質 15
DNA・RNA 7
炭水化物 2
脂質 2
無機塩類 1
その他 3
水 70
大腸菌（%）

●生体における各物質のおもな役割

物質	おもな役割
水	物質を溶かす，化学反応の場，体内の急な温度変化を防ぐ
タンパク質	細胞構造の基本物質，酵素や抗体の主成分
DNA，RNA	遺伝物質，タンパク質の合成に関与
炭水化物	エネルギー源，細胞壁の成分
脂質	エネルギー源，生体膜の成分
無機塩類	体液濃度の調節，酵素の働きの補助

2 単細胞生物と多細胞生物

単細胞生物…からだが 1 つの細胞でできている生物。特殊な細胞小器官をもつことが多い。

囲 ゾウリムシ，アメーバ，大腸菌

多細胞生物…からだが多くの細胞からできている生物。同じ特徴をもつ細胞が集まり組織をつくり，いくつかの組織が集まり器官を形成する。

●ゾウリムシ

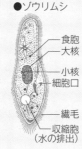

食胞
大核
小核
細胞口
繊毛
収縮胞
（水の排出）

3 細胞内共生 発展

ミトコンドリアは**好気性細菌**が，葉緑体は**シアノバクテリア**が，原始的な真核生物の細胞内に共生したことで形成されたと考えられている（**細胞内共生説**）。

【根拠】①ミトコンドリアと葉緑体は独自の DNA をもつ。
　　　　②独自に分裂・増殖を行う。

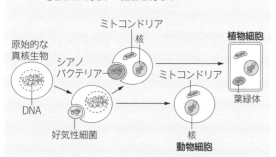

原始的な真核生物
DNA
シアノバクテリア
好気性細菌
ミトコンドリア
核
ミトコンドリア
核
動物細胞
植物細胞
葉緑体

ポイントチェック

□(1) すべての生物において，細胞を構成する物質の種類はほぼ同じである。最も割合の大きい物質は何か。

□(2) 生体を構成する物質のうち，2 番目に多く含まれる物質で，細胞の構造をつくる基本物質となっているものは何か。

□(3) 生体を構成する物質のうち，遺伝情報を担ったりタンパク質合成に関与する物質は何か。

□(4) (3)の種類を 2 つあげよ。

□(5) 生体を構成する物質のうち，体液の濃度調節にかかわっている物質は何か。

□(6) からだが 1 つの細胞でできている生物を何というか。

□(7) からだが多くの細胞からできている生物を何というか。

□(8) 形や働きが同じ細胞の集まりを何というか。

□(9) いくつかの(8)が集まり，特定の働きを行う構造を何というか。

*□(10) ミトコンドリアは，原始的な真核生物の細胞内に何が共生して形成されたと考えられているか。

*□(11) 葉緑体は，原始的な真核生物の細胞内に何が共生して形成されたと考えられているか。

*□(12) 好気性細菌とシアノバクテリアでは，どちらが先に共生したと考えられているか。

*□(13) ミトコンドリアや葉緑体が，もともとは別の原核生物であり，ほかの生物の細胞内に共生して形成されたとする説を何というか。

EXERCISE

▶8 〈**細胞の構成物質**〉 下の図は動物細胞を構成する物質の割合を示したものである。次の問いに答えよ。

(1) 図のア，イの物質名を答えよ。

(2) 図のイの説明として誤っている
ものを，次の中から1つ選べ。

① 生体防御で働く抗体の構成成分

② 化学反応に関わる酵素の構成成分

③ 生体の設計図である遺伝物質

④ 細胞構造の基本物質

(3) 図のウは，細胞膜の主成分で，エネルギー源としても使われる物質である。この物質名を答えよ。

(4) 図のエは，グルコースなどを含み，エネルギー源にもなる物質である。この物質名を答えよ。

(5) 図のオは，DNA・RNAである。これらの物質のおもな働きを答えよ。

動物細胞（%）
ア70 イ18 ウ5 エ2 オ1 無機塩類1 その他3

▶9 〈**単細胞生物と多細胞生物**〉 次の文章を読み，下の問いに答えよ。

個々の生物体のことを個体といい，そのからだは細胞からできている。細胞の数に着目して生物を大きく分けると，(a)1つの細胞でからだが構成されている（ ア ）と，多数の細胞でからだが構成されている（ イ ）に分けられる。（ ア ）は，すべての生命活動を1つの細胞で行うので，細胞内に特殊な（ ウ ）をもつことが多い。

一方，（ イ ）のからだには，さまざまな種類の細胞がみられ，それぞれ特定の形や働きをもっている。同じ形や働きの細胞が集まったものを（ エ ）といい，動物では上皮（ エ ）や神経（ エ ）などがある。また，(b)いくつかの（ エ ）がまとまって特定の働きをもつようになった構造を（ オ ）といい，動物の胃や肝臓，脳などがこれに相当する。（ イ ）のからだは，これらが組み合わさって構成されており，互いに協調しながら1つの個体として生命活動を行っている。

(1) 文中の（ ）に入る適語を答えよ。

(2) 下線部(a)の生物には，原核細胞のものと真核細胞のものがいる。次の①〜⑧から，それぞれに相当する生物をすべて選べ。

① アメーバ ② ミジンコ ③ ハネケイソウ

④ ヒドラ ⑤ コレラ菌 ⑥ 酵母

⑦ メダカ ⑧ 乳酸菌

(3) 右の図は，ゾウリムシとミドリムシの模式図である。ゾウリムシとミドリムシは，水中を泳いで移動するが，移動に用いられる構造の名称を，それぞれ答えよ。

ゾウリムシ ミドリムシ
大核 核 葉緑体

(4) 下線部(b)について，植物におけるこの構造を4つ答えよ。

▶8

(1) ア _____

　　イ _____

(2) _____

(3) _____

(4) _____

(5) _____

▶9

(1) ア _____

　　イ _____

　　ウ _____

　　エ _____

　　オ _____

(2) 原核細胞 _____

　　真核細胞 _____

(3) ゾウリムシ _____

　　ミドリムシ _____

(4) 　　　・

　　　　　・

❶ ある動物細胞を光学顕微鏡で観察しているホタルとヒカルの以下の会話を読み，下の問いに答えよ。

ホタル：色素を利用して(a)細胞小器官を染めて観察すると，実はミトコンドリアにもいろいろな形や大きさのものが見えるね。この細長いミトコンドリアのサイズはどのくらいだろう。

ヒカル：今使っている対物レンズと接眼レンズの組合せだと，(b)接眼ミクロメーターの20目盛りが対物ミクロメーターの50 μmに相当しているね。細長いミトコンドリアは接眼ミクロメーターの2目盛りだけど，これはどのくらいの長さになるのかな。

2人は様々な細胞小器官を観察し続けた。

ホタル：拡大しても，細胞小器官の間は何もないように見えるけど，実際にはどうなっているんだろう。教科書の細胞の模式図でも，細胞小器官の間は何も描かれていないことが多いよね。水で満たされているのかな。

ヒカル：水だけではないはずだよ。私たちの観察条件では見えないだけで，エネルギー物質や(c)細胞を構成する様々な成分が含まれているはずだよ。

ホタル：きっと様々な化学反応が起きているんじゃないかな。細胞って，なんだかすごいね。

(1) 光学顕微鏡で観察可能だが，肉眼では観察できないものを，次の①～⑥のうちからすべて選べ。
　① ヒトの精子　　　② ヒトの赤血球　　　③ インフルエンザウイルス
　④ ヒトの肝細胞　　⑤ 細胞膜の厚さ　　　⑥ メダカの卵

(2) 下線部(a)に関連して，真核生物における細胞小器官に関する記述として**誤っているもの**を，次の①～⑤のうちから1つ選べ。
　① 核には，DNAとタンパク質をおもな構成成分とする染色体が含まれる。
　② 核内にある染色体は，酢酸カーミン溶液などの染色液によく染まる。
　③ 呼吸はミトコンドリアで，光合成は葉緑体で行われる。
　④ ミトコンドリアは，核とは異なる独自のDNAをもつ。
　⑤ 葉緑体に含まれるおもな色素は，アントシアン（アントシアニン）である。

(3) 下線部(b)に関して，細長いミトコンドリアの長さは何μmか。

(4) 下線部(c)に関連して，ヒトなどの動物細胞の構成成分を分析すると，質量比で水が最も多くを占めている。水の次に多く含まれる成分として最も適当なものを，次の①～④のうちから1つ選べ。
　① タンパク質　　② 炭水化物
　③ 核酸　　　　　④ 無機塩類

(1)	
(2)	
(3)	
(4)	

（20 センター本試改）

❷ 生物の特徴に関する以下の文を読み，下の問いに答えよ。
　地球上には，数多くの多様な生物が存在するが，すべての生物には共通性もみられる。生物の形態や機能が，世代を重ねていく過程で変化することを進化という。生物は，共通の祖先から長い年月をかけて進化し，その特徴を受けついでいるため，現在も共通性が一部残っていると考えられている。生物がたどってきた進化の道筋を系統という。共通の祖先を起点として，系統関係を図に表すと，右図のように枝分かれした樹木のような形になる。

ア群
ホッキョクグマ, スズメ, シマヘビ, カブトムシ, イセエビ, アサリ, バフンウニ, ヒドラ

イ群
シイタケ, アオカビ, 酵母（イースト）

ウ群
アオキ, ブナ, クヌギ, イネ, ススキ, イチョウ, ベニシダ, ゼニゴケ

エ群
コンブ, ボルボックス, ミドリムシ, ゾウリムシ

オ群
大腸菌, 乳酸菌, ネンジュモ, イシクラゲ

共通の祖先

(1) 文中の下線部に関して，生物に共通する特徴を3つ答えよ。

(2) 図のア～オ群にあてはまる特徴を，下の①～⑥からそれぞれすべて選べ。
　① 原核生物　② 真核生物　③ 単細胞生物
　④ 多細胞生物　⑤ 独立栄養生物　⑥ 従属栄養生物

(3) 右図のように，生物の系統関係を表した図を何というか。

(4) ウイルスは，生物と無生物の中間的な存在で，ア～オ群のどれにも入らない。ウイルスの，生物の特徴にあてはまらない点を2つ答えよ。
（東京女子大改）

(1)	
(2) ア群	イ群
ウ群	エ群
オ群	
(3)	
(4)	

❸ 生物の特徴に関する以下の文を読み，下の問いに答えよ。
　地球上に存在するすべての生物のからだは，(a)細胞からできている。細胞には(b)原核細胞と真核細胞がある。真核細胞には，ミトコンドリアや葉緑体などの細胞小器官がある。また，生物の中には，1つの細胞からなる(c)単細胞生物と，複数の細胞からなる多細胞生物がいる。

(1) 下線部(a)に関して，次の①～⑤のうち，すべての細胞に共通して含まれる物質をすべて選べ。
　① アデノシン三リン酸　② クロロフィル
　③ セルロース　　　　　④ ヘモグロビン　⑤ 水

(2) 下線部(b)に関して，次の①～⑥のうち，原核生物と真核生物をそれぞれすべて選べ。
　① オオカナダモ　② ネンジュモ　③ 乳酸菌
　④ 大腸菌　　　　⑤ ミドリムシ　⑥ ゾウリムシ

(3) 下線部(c)に関連して，真核細胞からなる単細胞生物を，下の①～⑧のうちからすべて選べ。
　① ゾウリムシ　② オオカナダモ　③ 酵母　　④ ネンジュモ
　⑤ ヒドラ　　　⑥ 結核菌　　　　⑦ アオカビ　⑧ インフルエンザウイルス
（17・19センター本試，16センター追試改）

(1)	
(2) 原核生物	
真核生物	
(3)	

4 代謝とエネルギー

1 代謝

体内での化学反応の過程全体を**代謝**といい，同化と異化にわけられる。

同化…エネルギーを取り入れて，単純な物質から複雑な物質を合成する反応(光合成など)。

異化…複雑な物質を分解してエネルギーを取り出す反応(呼吸など)。

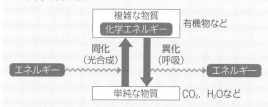

無機物から有機物を合成できる生物を**独立栄養生物**，合成できない生物を**従属栄養生物**という。

2 エネルギーとATP

同化や異化に伴うエネルギーの出入りには，**ATP(アデノシン三リン酸)**という物質が仲立ちをする。

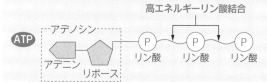

ATPのリン酸どうしの結合は**高エネルギーリン酸結合**とよばれる。末端のリン酸が1つ切り離されて**ADP(アデノシン二リン酸)**とリン酸に分解され，多量のエネルギーが放出される。このエネルギーは，物質の合成・運動・発電などの生命活動に使われる。

ADPはすぐにエネルギーを吸収してリン酸と結合し，ATPとなる。

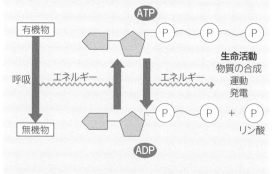

ポイントチェック

- □(1) 生体内の化学反応の過程全体を何というか。
- □(2) (1)で，エネルギーを取り入れて複雑な物質を合成する過程を何というか。
- □(3) (1)で，複雑な物質を分解してエネルギーを取り出す過程を何というか。
- □(4) (2)で，光エネルギーを利用して，二酸化炭素と水から有機物を合成する過程を何というか。
- □(5) (3)で，酸素を用いて有機物を分解し，エネルギーを取り出す過程を何というか。
- □(6) 無機物から有機物を合成できる生物を何というか。
- □(7) 無機物から有機物をつくることができず，(6)がつくった有機物を取り込んで生活する生物を何というか。
- □(8) 代謝に伴うエネルギーの出入りで仲立ちする物質は何か。略称で答えよ。
- □(9) (8)の正式名称を答えよ。
- □(10) (8)が分解され，リン酸が1つとれると何になるか。
- □(11) ATPのリン酸どうしの結合には多くのエネルギーが蓄えられている。この結合を何というか。
- □(12) ATPが分解されて生じたエネルギーは，どのような生命活動に使われるか。2つあげよ。
- □(13) ADPからATPが再合成されるときに使われるエネルギーは，体内のどのような反応で取り出されたものか。

EXERCISE

▶**10 〈同化と異化〉**　次の文章を読み，下の問いに答えよ。

　生物の体内で行われる化学反応を（　ア　）という。（　ア　）には，エネルギーを使って簡単な物質から複雑な物質（有機物）を合成する（　イ　）と，複雑な物質を分解してエネルギーを取り出す（　ウ　）がある。（　イ　）の例としては，光エネルギーを使って（　エ　）と水から有機物を合成する（　オ　）がある。また，（　ウ　）の例としては，酸素を使って有機物を分解し，エネルギーを取り出す（　カ　）がある。（　ア　）にはエネルギーの出入りが伴い，その仲立ちとなる物質を（　キ　）という。

(1)　文中の（　）に入る適語を答えよ。

(2)　下線部に関して，自ら無機物から有機物を合成できる生物を何というか。

(3)　(2)のように無機物から有機物を合成できず，他の生物がつくった有機物を取り入れて生命活動を維持する生物を何というか。

(4)　次の①〜⑦の生物について，(2)にあてはまるものには A を，(3)にあてはまるものには B を，どちらにもあてはまらないものには C を答えよ。

① 大腸菌　　② ゾウリムシ　　③ タンポポ　　④ 酵母
⑤ エイズウイルス　　⑥ イシクラゲ　　⑦ ミドリムシ

▶**10**

(1) ア

　　イ

　　ウ

　　エ

　　オ

　　カ

　　キ

(2)

(3)

(4)① 　　　　②

　　③ 　　　　④

　　⑤ 　　　　⑥

　　⑦

▶**11 〈ATP〉**　次の図は，ATP の構造を模式的に示したものである。下の問いに答えよ。

(1)　ATP の正式名称を答えよ。

(2)　図の A，B，P は何を示しているか。物質名をそれぞれ答えよ。

(3)　図の A と B が結合したものを何というか。

(4)　図の C の結合を何というか。

(5)　ATP からリン酸が 1 つ切り離されたものを何というか。

▶**11**

(1)

(2) A

　　B

　　P

(3)

(4)

(5)

▶**12 〈ATP と代謝〉**　次の①〜⑧の記述について，ATP に関する説明として誤っているものをすべて選べ。

① すべての生物が共通してもつ物質である。

② エネルギー通貨にたとえられる。

③ 3 個の塩基が結合した構造をもつ。

④ リン酸どうしの結合に多くのエネルギーが蓄えられている。

⑤ リン酸が切り離されて分解されると，元にもどることはない。

⑥ 同化によって得られた化学エネルギーによって分解される。

⑦ 異化によって得られた化学エネルギーを吸収して合成される。

⑧ 筋収縮には使われるが，発電などに使われることはない。

▶**12**

5 酵素

1 触媒と酵素

　自身は反応の前後で変化せず，繰り返し特定の化学反応を促進する物質を**触媒**という。生体内で行われる化学反応の触媒(生体触媒)は**酵素**とよばれ，呼吸や光合成，消化などの化学反応を促進している。

●過酸化水素の分解を促進する触媒

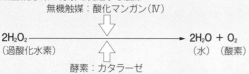

無機触媒：酸化マンガン(IV)

$$2H_2O_2 \longrightarrow 2H_2O + O_2$$
(過酸化水素)　　　　　　　　(水)　(酸素)

酵素：カタラーゼ

2 酵素の性質

①生体内で触媒として働く(生体触媒)。
②主成分は**タンパク質**である。
③特定の物質(**基質**)に作用して，1つの反応のみを促進する(**基質特異性**)。

例 アミラーゼ(デンプンをマルトースに分解)
　 マルターゼ(マルトースをグルコースに分解)
　 ペプシン(タンパク質をポリペプチドに分解)

基質 デンプン → マルトース → グルコース
酵素 アミラーゼ　　　マルターゼ

3 酵素の働く場所

　酵素には細胞の中で働くものと，消化酵素のように細胞の外で働くものがある。

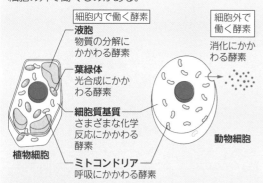

細胞内で働く酵素
液胞
物質の分解にかかわる酵素
葉緑体
光合成にかかわる酵素
細胞質基質
さまざまな化学反応にかかわる酵素
ミトコンドリア
呼吸にかかわる酵素
植物細胞

細胞外で働く酵素
消化にかかわる酵素
動物細胞

発展 酵素の性質

　酵素には最も効果的に働く温度(**最適温度**)とpH(**最適pH**)がある。高温や酸・アルカリによって酵素を構成するタンパク質が変性すると，酵素の働きは失われる(**失活**)。

□(1)　それ自身は反応の前後で変化せずに，特定の化学反応を繰り返し促進する物質を何というか。

□(2)　(1)のうち，無機物からなるものを何とよぶか。

□(3)　(1)のうち，生体内でつくられるものを何というか。

□(4)　(3)は何からできているか。

□(5)　酵素が作用する物質を何というか。

□(6)　それぞれの酵素は特定の物質にのみ作用する。このような性質を何というか。

□(7)　酵素は化学反応の前後で変化するか，変化しないか。

□(8)　過酸化水素の分解を進める無機触媒は何か。

□(9)　過酸化水素の分解を進める酵素は何か。

□(10)　デンプンをマルトースに分解する酵素は何か。

□(11)　タンパク質をポリペプチドに分解する酵素は何か。

□(12)　ミトコンドリアには，おもに何にかかわる酵素が含まれているか。

□(13)　光合成にかかわる酵素を含む細胞小器官は何か。

□(14)　植物細胞内でよく発達している構造で，物質の分解にかかわる酵素が含まれているのはどこか。

□(15)　細胞外に分泌されて働く酵素の例を1つあげよ。

EXERCISE

▶**13 〈酵素の性質〉** 次の文章を読み，（　）に入る適語を答えよ。

それ自身は変化せず，繰り返し特定の化学反応を促進する働きをもつ物質を（　ア　）という。生体内のさまざまな化学反応は，生物がつくる（　ア　）である（　イ　）によって調節されている。（　イ　）が作用する物質を（　ウ　）といい，（　イ　）はそれぞれ特定の（　ウ　）にだけ作用する。（　イ　）の主成分は（　エ　）で，非常に多くの種類がある。また，（　イ　）は，（　オ　）や酸・アルカリによって（　エ　）が変性すると，その働きが失われる。

▶**14 〈酵素の働き〉** 過酸化水素を分解する触媒を調べるため，4本の試験管 a ～ d に，それぞれ5%過酸化水素水2mL を入れ，以下の物質を少量加えてその反応を見る実験を行った。下の問いに答えよ。

　　a：酸化マンガン(Ⅳ)　　　b：石英砂
　　c：生レバー　　　　　　　d：だ液

(1) 過酸化水素が分解されるときの化学反応式を書け。
(2) a ～ d のうち，泡がさかんに発生するものをすべて選べ。
(3) 反応が見られなくなってから，それぞれの試験管にもう一度過酸化水素水2mL を加えた。泡が再び発生する試験管をすべて答えよ。ない場合はなしと答えよ。
(4) 反応が見られなくなってから，もう一度それぞれの試験管にa ～ d を加えた。泡が再び発生する試験管をすべて答えよ。ない場合はなしと答えよ。
(5) 生レバーに含まれると考えられる酵素は何か。
(6) だ液に含まれ，デンプンの分解反応を促進する酵素は何か。

▶**15 〈細胞と酵素〉** 酵素について，次の問いに答えよ。
(1) 次の a ～ d の酵素は，それぞれ細胞のどこで働くか。最も適当なものを，下の①～④のうちからそれぞれ1つ選べ。
　　a　光合成に関する酵素　　　b　アミラーゼ
　　c　呼吸に関する酵素　　　　d　DNA を合成する酵素
　　①　核　　②　葉緑体　　③　ミトコンドリア　　④　細胞外
(2) 酵素の説明として正しいものを，次の中からすべて選べ。
　　①　植物細胞の液胞には，酵素は含まれていない。
　　②　細胞外で働く消化酵素の主成分はデンプンである。
　　③　酵素の作用する特定の物質を基質という。
　　④　酵素は化学反応を促進したあとに分解される。
　　⑤　ペプシンは，タンパク質をポリペプチドに分解する。

▶**13**
ア＿＿＿＿＿＿＿＿
イ＿＿＿＿＿＿＿＿
ウ＿＿＿＿＿＿＿＿
エ＿＿＿＿＿＿＿＿
オ＿＿＿＿＿＿＿＿

▶**14**
(1)＿＿＿＿＿＿＿＿
(2)＿＿＿＿＿＿＿＿
(3)＿＿＿＿＿＿＿＿
(4)＿＿＿＿＿＿＿＿
(5)＿＿＿＿＿＿＿＿
(6)＿＿＿＿＿＿＿＿

▶**15**
(1) a＿＿＿＿　b＿＿＿＿
　　c＿＿＿＿　d＿＿＿＿
(2)＿＿＿＿＿＿＿＿

6 光合成と呼吸

1 光合成

　光エネルギーを使って，二酸化炭素と水から**有機物**を合成し，酸素を放出する反応を**光合成**という。植物の光合成は**葉緑体**で行われる。

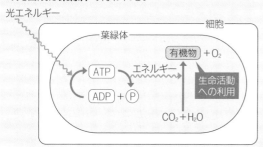

二酸化炭素 ＋ 水 ＋ エネルギー → 有機物 ＋ 酸素
　（CO_2）　（H_2O）（光エネルギー）（$C_6H_{12}O_6$）　（O_2）

※シアノバクテリア（イシクラゲ，ネンジュモなど）は葉緑体をもたないため，細胞質基質にある酵素によって光合成を行う。

2 呼吸

　酸素を用いて有機物を分解し，エネルギーを取り出して**ATP**を合成する反応を**呼吸**という。真核生物の呼吸はおもに**ミトコンドリア**で行われる。

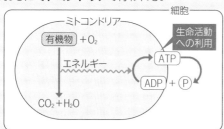

有機物 ＋ 酸素 → 二酸化炭素 ＋ 水 ＋ エネルギー
（$C_6H_{12}O_6$）（O_2）　　（CO_2）　（H_2O）　（ATP）

　呼吸では有機物が段階的に分解されるが，燃焼では有機物が急激に分解され，化学エネルギーが熱や光として放出される。

　呼吸基質…呼吸により分解される有機物。代表的な物質に**グルコース**（$C_6H_{12}O_6$）がある。脂質やタンパク質も呼吸基質として使われる。

3 光合成と呼吸

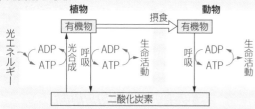

ポイントチェック

□(1) 光合成が行われる細胞小器官はどこか。

□(2) 光合成のエネルギー源は何か。

□(3) (2)のエネルギーを利用して，まず何という物質が合成されるか。

□(4) 光合成に必要な物質を化学式で2つ答えよ。

□(5) 光合成によって生成される物質を化学式で2つ答えよ。

□(6) 光合成の反応は，以下のように表現できる。ア，イに入る適語を答えよ。
　（ ア ）＋水→有機物＋（ イ ）　ア＿＿＿＿イ＿

□(7) 光合成を行う原核生物を1つ答えよ。

□(8) 呼吸が行われる細胞小器官はどこか。

□(9) 呼吸によって分解される有機物を何というか。

□(10) (9)の代表例を1つ答えよ。

□(11) 呼吸で，有機物が分解される際に生じるものを3つ答えよ。

□(12) 呼吸の反応は，以下のように表現できる。ア，イに入る適語を答えよ。
　有機物＋（ ア ）
　　→二酸化炭素＋（ イ ）　ア＿＿＿＿イ＿

□(13) 呼吸では，有機物の分解により放出される化学エネルギーは，何という物質に蓄えられるか。

□(14) 有機物の燃焼では，化学エネルギーはどのような形で放出されるか。

EXERCISE

▶**16〈光合成〉** 次の文章を読み，下の問いに答えよ。

多くの植物は，太陽の（ ア ）エネルギーを用いて，大気中から取り込んだ（ イ ）と，根から吸収した（ ウ ）を材料にして有機物を合成し，（ エ ）を放出している。この反応を（ オ ）とよび，おもに葉の細胞の中にある（ カ ）で行われる。

(1) 文中の（ ）に入る適語を答えよ。

(2) 植物が（ オ ）で合成する有機物の例を１つ答えよ。

▶**17〈呼吸〉** 次の文章を読み，下の問いに答えよ。

真核生物は，（ ア ）を使って有機物を分解し，その時に生じるエネルギーで（ イ ）を合成する。この反応を（ ウ ）とよび，おもに細胞中にある（ エ ）で行われている。この反応で分解される有機物を（ ウ ）基質とよび，おもにグルコースが使われる。グルコースは，完全に分解されると最終的に（ オ ）と水を生じる。

(1) 文中の（ ）に入る適語を答えよ。

(2) 有機物が酸素を使って急激に分解され，化学エネルギーが熱や光として放出される反応を何というか。

▶**18〈光合成と呼吸〉** 次の図は，生物における代謝とエネルギーの流れを示したものである。下の問いに答えよ。

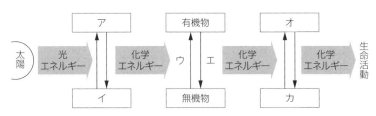

(1) ア～カに入る適語を下から選んで答えよ。ただし，同じ選択肢を何度選んでもよい。

① 呼吸　　② 光合成　　③ ADP ＋リン酸　　④ ATP

(2) ウとエの過程にあてはまる記述を，次の①～⑥からそれぞれすべて選べ。

① 動物細胞で行われる。　　② 植物細胞で行われる。
③ 同化の反応過程である。　　④ 異化の反応過程である。
⑤ 二酸化炭素が使われる。　　⑥ 酵素が使われる。

▶**19〈光合成と呼吸〉** 次の①～④に示した特徴のうち，光合成のみにみられるもの，呼吸のみにみられるもの，両方にみられるものを，それぞれすべて選べ。

① 反応の進行に酵素が関与する　　② 酸素が用いられる
③ ATP 合成の過程が含まれる　　④ 光エネルギーが用いられる

▶**16**

(1) ア _____

イ _____

ウ _____

エ _____

オ _____

カ _____

(2) _____

▶**17**

(1) ア _____

イ _____

ウ _____

エ _____

オ _____

(2) _____

▶**18**

(1) ア _____ イ _____

ウ _____ エ _____

オ _____ カ _____

(2) ウ _____

エ _____

▶**19**

光合成のみ _____

呼吸のみ _____

両方 _____

❶ 生物の代謝に関する以下の文を読み，下の問いに答えよ。

　生物が，酸素を用いて有機物を分解し，得られたエネルギーをもとに ATP を合成する反応を呼吸という。一般的に呼吸とは，肺などの呼吸器によって外界から酸素を取り入れることをいうが，これは外呼吸と呼ばれ，細胞内で起こる呼吸と区別される。有機物が酸素を使って急激に分解され，エネルギーが熱や光として放出されることを　ア　という。呼吸の反応は，酸素を用いて有機物を分解し，エネルギーを取り出す点で　ア　と似ているが，呼吸はさまざまな　イ　の働きによって有機物が段階的に分解される点で　ア　と異なる。呼吸で分解される有機物のことを　ウ　といい，おもに炭水化物が用いられる。

(1) 文中の空欄に入る語句を答えよ。

(2) ATP の化学的な構造を，右の4つの記号を用いて図示せよ。ただし，同じ記号を何度用いてもよい。

リン酸	リボース	アデニン	高エネルギー リン酸結合
Ⓟ	⬠R	Ⓐ	～

(3) 次の①〜⑥について，正しい場合には解答欄の正に○をつけよ。誤っている場合には，誤っている語句を1つ書き出し，正しい語句に書き換えよ(例　誤:窒素　　正:酸素)。

①　植物細胞では，光のエネルギーを利用して二酸化炭素と酸素から有機物がつくり出される。

②　ミトコンドリアでは，有機物が二酸化炭素と反応して水を生じるときにエネルギーが取り出される。

③　従属栄養生物は，エネルギーを蓄えている ATP を取り込まないと生活できない。

④　葉緑体をもつ生物は，体外からエネルギー源として有機物を取り込まずに生活することができる。

⑤　酵素は，生体内で行われる代謝において，触媒として作用する炭水化物である。

⑥　体内で ATP は，ADP とリボースに分解されてエネルギーが放出され，生じた ADP は再び ATP に再合成される。

(15・16センター追試改)

(1) ア _____
　　イ _____
　　ウ _____

(2) _____

(3)①誤: _____ 正: _____
　②誤: _____ 正: _____
　③誤: _____ 正: _____
　④誤: _____ 正: _____
　⑤誤: _____ 正: _____
　⑥誤: _____ 正: _____

❷ 図は，植物における有機物の代謝をおおまかに示したものである。下の問いに答えよ。

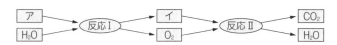

(1) 図のア，イに入る物質と反応Ⅰの名称を答えよ。

(2) 反応Ⅰと反応Ⅱのエネルギーの出入りについてあてはまる記述を下の①〜④からそれぞれ選んで答えよ。

①　光エネルギーが化学エネルギーに変換される反応。

②　化学エネルギーが光エネルギーに変換される反応。

③　化学エネルギーが別な物質の化学エネルギーに変換される反応。

④　エネルギーの出入りがない反応。

(05センター本試改)

(1) ア _____
　　イ _____
　　反応Ⅰ _____
(2) 反応Ⅰ _____
　　反応Ⅱ _____

❸ 酵素に関する以下の問いに答えよ。

(1) 酵素はおもにどのような物質からできているか。

(2) 酵素は，特定の物質に作用して，1つの反応のみを促進する。この性質を何というか。

🧠(3) パイナップルには，プロテアーゼというタンパク質分解酵素が含まれている。今，台所でパイナップルゼリーをつくることを考えてみる。ゼリーは，ゼラチン(主成分はタンパク質)か寒天(主成分は多糖類)を熱湯で溶かし，冷やすことでつくることができる。生のパイナップルを切り，ゼラチンと寒天でそれぞれゼリーをつくった場合，その結果として正しいものを次の①～④から1つ選び，選んだ理由を答えよ。

① ゼラチン，寒天ともに固まり，ゼリーをつくることができた。

② ゼラチン，寒天ともに固まらず，ゼリーをつくることができなかった。

③ ゼラチンでは固まり，寒天では固まらなかった。

④ ゼラチンでは固まらず，寒天では固まった。

(4) 生のパイナップルのかわりに缶詰のパイナップルを使うと，ゼラチン，寒天ともにゼリーをつくることができる。その理由として正しいものを下から選んで答えよ。

① 酸素が含まれていないから。　② 砂糖につけてあるから。

③ 加熱殺菌されているから。　④ 圧力がかかっていたから。

⑤ 真空中に置かれていたから。

(1)
(2)
(3)
理由
(4)

🧠❹ 以下の実験についての記録を読み，下の問いに答えよ。

実験1 3本の試験管を用意し，それぞれに1cm角のサイコロ状に切ったニワトリの肝臓，少量の酸化マンガン(Ⅳ)，少量の石英砂を入れた。次に，各試験管に蒸留水1mLと3%の過酸化水素水2mLを加え，気体が発生するかどうかを観察し記録した。

実験2 しばらくして気体が発生しなくなったら，肝臓が入っている試験管に3%過酸化水素水2mLを再び加え，気体が発生するかどうかを観察し記録した。

実験3 さらにしばらくして，この肝臓が入っている試験管において気体が発生しなくなったら，これに新しい肝臓を入れて，気体が発生するかどうかを観察し記録した。

実験番号＼試験管の内容物	ニワトリの肝臓	酸化マンガン(Ⅳ)	石英砂
実験1	＋＋	＋＋	－
実験2	＋＋		
実験3	－		

＋＋は，気体が発生した。－は，気体は発生しなかった。

(1) **実験2**において，再び過酸化水素水を加えると，気体が発生した。この理由として誤っているものを，次の①～④から1つ選び，番号で答えよ。

① 肝臓に過酸化水素を分解する酵素が残っていたため。

② 過酸化水素水が供給されたため。

③ 肝臓と過酸化水素水の両方が試験管の中にあるため。

④ 過酸化水素は，他の物質の影響を受けずに分解されるため。

(2) **実験3**において，気体が発生しなくなってから，新しい肝臓を加えたところ，気体は発生しなかった。その理由を答えよ。

(16　天使大学改)

(1)
(2)
理由

❶ 細胞に関する以下の問いに答えよ。

(1) 右表の①～⑫には，それぞれの細胞が各構造体をもつ場合は＋，もたない場合は－が入る。－が入る欄の番号をすべて答えよ。

(2) 次に示す生物のうち，原核生物をすべて選べ。

① アメーバ　　② ネンジュモ
③ 大腸菌　　　④ アオカビ
⑤ 酵母　　　　⑥ 乳酸菌

	真核細胞		原核細胞
	動物細胞	植物細胞	
核	①	②	③
細胞膜	＋	＋	＋
細胞壁	④	⑤	⑥
葉緑体	⑦	⑧	⑨
ミトコンドリア	⑩	⑪	⑫

❶

(1) _____

(2) _____

❷ 生物の特徴に関する次の文章を読み，下の問いに答えよ。

　生物の体は，細胞からできている。細胞には，(a)顕微鏡を使用しなければ観察できないものから，肉眼でも観察できるものまで，(b)さまざまな大きさのものが存在する。(c)真核生物の細胞内には複雑な構造体が存在しており，生命活動に必要な物質の合成などが行われている。

(1) 下線部(a)に関して，図1は，10倍の接眼レンズと10倍の対物レンズを用いて，文字と格子状の線が印刷されたスライドガラスを光学顕微鏡で観察したときの視野の様子を示している。同じスライドガラスを，対物レンズを40倍にしてピントを合わせたとき，観察される視野の様子として最も適当なものを，下の①～⑧から1つ選べ。ただし，しぼりや光源などの明るさに関する条件は，10倍の対物レンズの時と同じとする。

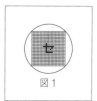

図1

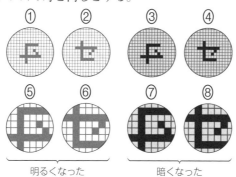

① ② ③ ④

⑤ ⑥ ⑦ ⑧

明るくなった　　暗くなった

(2) 下線部(b)に関して，次の①～④のうち，ヒトの赤血球よりも小さなものをすべて選べ。

① 大腸菌　　② ミトコンドリア　　③ ヒトの卵　　④ ゾウリムシ

(3) 下線部(c)に関して，真核生物における細胞内の構造に関する記述として誤っているものを，次の①～⑤から1つ選べ。

① 核には，DNAとタンパク質をおもな構成成分とする染色体が含まれる。
② ミトコンドリアで行われる呼吸では，水がつくられる。
③ 葉緑体では，光合成によって二酸化炭素を材料として有機物が合成される。
④ 葉緑体やミトコンドリアでは，ATPが合成される。
⑤ 葉緑体に含まれるおもな色素は，アントシアン(アントシアニン)である。

(2019 センター追試，2020 センター本試改)

❷

(1) _____

(2) _____

(3) _____

❸ 生物の特徴に関する以下の文章を読み，下の問いに答えよ。

地球上には(a)多種多様な生物が存在し，さまざまな環境下で生命活動を行っている。この生命活動は，生体内での化学反応，つまり物質の合成や分解などの(b)代謝によって担われている。代謝は，エネルギーを使って簡単な物質から複雑な物質を合成する（　ア　）と，複雑な物質を分解してエネルギーを取り出す（　イ　）に分けられる。呼吸は（　イ　）の一つであり，有機物の分解で得られたエネルギーを利用して，ATP が合成される。ATP は，（　ウ　）に３分子のリン酸が結合した化合物で，（　エ　）の高エネルギーリン酸結合をもつ。この ATP がもつエネルギーは，さまざまな生命活動で利用される。(c)代謝の方法や産物は，生物の種や生物をとりまく環境によって異なる。

(1) 文中のア～エに入る語句を下の①～⑧からそれぞれ選んで答えよ。

　① 1つ　　　　② 2つ　　　　③ 3つ　　　　④ 異化　　　　⑤ リボース
　⑥ アデノシン　⑦ アデニン　⑧ 同化

(2) 下線部(a)に関する記述として最も適当なものを，次の①～⑤から1つ選べ。

　① 原核生物は，DNA をもつが核膜をもたない。
　② 原核生物と真核生物の細胞は，ミトコンドリアをもつ。
　③ 動物と植物の細胞は，細胞壁をもつ。
　④ 真核生物は，細胞小器官をもつが細胞質基質をもたない。
　⑤ 植物だけが，光合成を行う。

(3) 下線部(b)に関して，ある体重 5 kg の動物が次の(Ⅰ)～(Ⅲ)の性質もつとすると，この動物1個体が1日に消費する ATP の総重量として最も適当な値を，下の①～⑥から1つ選べ。

　(Ⅰ)　1つの細胞は，8.4×10^{-13} g の ATP をもつ。
　(Ⅱ)　1つの細胞は，1時間あたり 3.5×10^{-11} g の ATP を消費する。
　(Ⅲ)　1個体は，6兆(6×10^{12})個の細胞で構成される。

　① 0.5 g　　② 1.2 g　　③ 5 g　　④ 12 g　　⑤ 5 kg　　⑥ 12 kg

(4) 下線部(c)に関して，微生物の酵母やコウジカビの代謝を利用すると，デンプンからエタノールを合成できる。これらの微生物がもつ代謝の方法は異なり，酵母はデンプンを分解できないがエタノールを合成でき，コウジカビはデンプンを分解できるがエタノールを合成できない。また，環境によっても代謝が異なり，大気中の酸素が利用できる環境では，酵母とコウジカビは呼吸によって得たエネルギーを用いて増殖できる一方，大気中の酸素が利用出来ない環境では，酵母はグルコースからエタノールを合成する過程でエネルギーを得ることができるが，コウジカビは呼吸できない。これらのことから，デンプン溶液に酵母とコウジカビを同時に加えて増殖させ，エタノールを効率的に合成する実験方法として最も適当なものを，次の①～⑥から1つ選べ。

　① 溶液を大気中の酸素が利用できる環境に置いておく。
　② 溶液を大気中の酸素が利用できない環境に置いておく。
　③ 溶液を大気中の酸素が利用できる環境に置き，溶液がヨウ素液に強く反応するようになったら，酸素が利用できない環境に置いておく。
　④ 溶液を大気中の酸素が利用できない環境に置き，溶液がヨウ素液に強く反応するようになったら，酸素が利用できる環境に置いておく。
　⑤ 溶液を大気中の酸素が利用できる環境に置き，溶液がヨウ素液に強く反応しなくなったら，酸素が利用できない環境に置いておく。
　⑥ 溶液を大気中の酸素が利用できない環境に置き，溶液がヨウ素液に強く反応しなくなったら，酸素が利用できる環境に置いておく。

（2020 センター追試改）

❸
(1) ア　　イ
　　ウ　　エ
(2)
(3)
(4)

1 グリフィスの実験（1928年；イギリス）

肺炎双球菌の**形質転換**を発見。

①生きたS型菌（病原性） 注射 → **死**

肺炎双球菌
R型菌 ●● ：非病原性 莢膜なし
S型菌 ●：病原性 莢膜あり

②生きたR型菌（非病原性） 注射 → **生**

③加熱殺菌したS型菌 注射 → **生**

体内から生きたS型菌が検出。

マウスの体内で，生きたR型菌がS型菌に変化。

④加熱殺菌したS型菌＋生きたR型菌 混合して注射 → **死**

R型菌がS型菌に変わったように形質が変化する現象を形質転換という。

（結論） 加熱殺菌したS型菌に含まれていた物質の働きで，R型菌がS型菌に形質転換した。

2 エイブリーらの実験（1944年；アメリカ）

形質転換を引き起こす物質がDNAであることを示唆。

①S型菌抽出液＋タンパク質分解酵素

R型菌 培養 混ぜる → S型菌が現れる

形質転換が起こる。

②S型菌抽出液＋DNA分解酵素

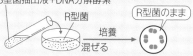

R型菌 培養 混ぜる → R型菌のまま

（結論） 形質転換を起こす物質はDNAである。

3 ハーシーとチェイスの実験（1952年；アメリカ）

バクテリオファージ（ファージ）を用いて，遺伝子の本体がDNAであることを解明。

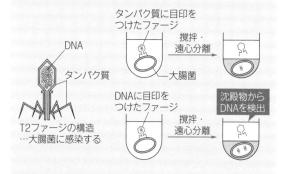

タンパク質に目印をつけたファージ
撹拌・遠心分離
大腸菌

DNA
タンパク質

T2ファージの構造
…大腸菌に感染する

DNAに目印をつけたファージ
撹拌・遠心分離

沈殿物からDNAを検出

●ファージの増殖のしくみ

① 大腸菌のDNA
②
③

ファージのDNAが菌内に入る。
ファージのDNAが複製される。
ファージのタンパク質がつくられる。

□(1) 莢膜をもつ肺炎双球菌は，病原性があるか，ないか。

□(2) 病原性をもたない肺炎双球菌は，S型菌とR型菌のどちらか。

□(3) 非病原性の肺炎双球菌が，殺菌された病原性の肺炎双球菌に含まれる物質によって，病原性の菌に変化する現象を何というか。

□(4) 肺炎双球菌で(3)の現象を発見したのは誰か。

□(5) 形質転換を起こす物質がDNAであることを示したのは誰か。

□(6) (5)の実験で，R型菌にタンパク質分解酵素で処理したS型菌抽出液を加えて培養すると，S型菌は現れるか。

□(7) 細菌に感染して増殖するウイルスのことを何というか。

□(8) (7)を利用して遺伝子の本体である物質を解明した2人は誰か。

□(9) (7)の模式図で，ア，イを構成する物質をそれぞれ答えよ。

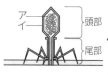

アイ 頭部 尾部

ア
イ

□(10) T2ファージが特異的に感染する宿主の細菌は何か。

□(11) 宿主の細菌に感染した(7)は何を菌内に入れるか。

□(12) (8)による実験により，遺伝子の本体は何であることがわかったか。

▶**20〈形質転換〉** 肺炎双球菌のS型菌をマウスに注射するとマウス
は死んだが，R型菌を注射してもマウスは死ななかった。S型菌を
100℃で5分間加熱して殺菌したS型死菌を注射してもマウスは死
ななかったが，それにR型菌を混ぜてマウスに注射したところ，
一部のマウスが死に，死んだマウスからS型菌が検出された。さ
らに詳しく調べるために，次の(1)～(5)の実験を行い，S型菌が
検出されるかどうかを調べた。

(1) S型菌から分離した被膜とR型菌を混ぜてマウスに注射した。

(2) S型菌から分離したDNAとR型菌を混ぜてマウスに注射した。

(3) S型菌をすりつぶして得た抽出液にR型菌を混ぜてマウスに
注射した。

(4) S型菌をすりつぶして得た抽出液をDNA分解酵素で処理した
あと，R型菌を混ぜてマウスに注射した。

(5) S型菌をすりつぶして得た抽出液をタンパク質分解酵素で処理
したあと，R型菌を混合してマウスに注射した。

〈結果〉

実験	(1)	(2)	(3)	(4)	(5)
S型菌の検出	×	○	○	×	○

(1)～(5)の実験結果から推定できることとして最も適当なもの
を，次の①～⑤よりそれぞれ選べ。

① 形質転換はS型菌に含まれる物質によって起こる。

② 形質転換はS型菌の被膜だけでは起こらない。

③ 形質転換はS型菌のDNA以外のものでは起こらない。

④ 形質転換はS型菌のDNAで起こる。

⑤ 形質転換はS型菌のタンパク質以外のもので起こる。

▶**21〈遺伝子の本体〉** 次の文章を読み，下の問いに答えよ。

大腸菌に感染するファージ
は，（ ア ）でできた殻の頭
部の中に（ イ ）が入った構
造をしている。このファージ
の(ア)と(イ)にそれぞれ別の
目印をつけたあと，大腸菌に
感染させた。数分後にミキサー
で撹拌してファージを振り落とし，遠心分離して上澄みと沈殿に分
け，上澄みに含まれる，目印をつけた(ア)，(イ)の物質量を調べる
と，図のような結果が得られた。また，30分後には沈殿した大腸
菌から多数の子ファージが出現した。

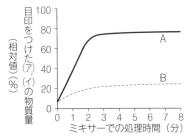

(1) 文中のア，イにタンパク質とDNAのどちらかの語句を入れよ。

(2) 図のA，Bはそれぞれタンパク質とDNAのどちらを示してい
るか。

(3) 大腸菌内にはファージの何が注入されたと考えられるか。

▶**20**

(1) _____

(2) _____

(3) _____

(4) _____

(5) _____

▶**21**

(1)ア _____

イ _____

(2)A _____

B _____

(3) _____

2章 遺伝子とその働き

8 DNAの構造

1 ヌクレオチド

DNAは，リン酸・糖・塩基が結合した**ヌクレオチド**が構成単位となっている。DNAのヌクレオチドを構成する糖は**デオキシリボース**，塩基は**アデニン(A)**，**チミン(T)**，**グアニン(G)**，**シトシン(C)**の4種類がある。

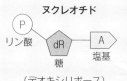
ヌクレオチド
リン酸　糖（デオキシリボース）　塩基

アデニン　グアニン　チミン　シトシン

2 シャルガフの規則

すべての生物においてAとT，GとCの塩基数の割合はほぼ等しい(1:1)。

	A	T	G	C
ヒト	30.9	29.4	19.9	19.8
ウシ	27.3	28.4	22.7	21.6
結核菌	15.1	14.6	34.9	35.4
大腸菌	24.7	23.6	26.0	25.7

3 二重らせん構造

ワトソンと**クリック**は，シャルガフの規則やウィルキンスらのDNAのX線回折像などをもとに，DNAの**二重らせん構造**を解明した。

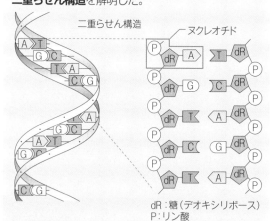
二重らせん構造　　ヌクレオチド
dR：糖（デオキシリボース）
P：リン酸

4 塩基の相補性

DNAを構成する塩基には，AとT，GとCでしか結合できない相補的な関係がある(**相補性**)。このように，相補的に結合した2つの塩基を**塩基対**という。一方の鎖の塩基の並び(**塩基配列**)が決まると，もう一方の鎖の塩基は自動的に決まる。

結合できる　結合できない

ポイントチェック

- [ ] (1) DNAを構成する基本単位を何というか。

- [ ] (2) (1)は，糖と何が結合したものか。糖と結合している2つの物質を答えよ。

- [ ] (3) DNAを構成する4種類の塩基をすべて正式名称で答えよ。

- [ ] (4) どの生物のDNAでもAとT，GとCの数の割合が等しいという規則性を何というか。

- [ ] (5) ある生物のDNAで，グアニンの塩基数の割合が20%であった。シトシンとチミンの塩基数の割合は何%か。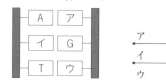

- [ ] (6) DNAの構造を明らかにした人物を2人答えよ。

- [ ] (7) DNAはどのような立体構造をしているか。

- [ ] (8) 塩基はAとT，GとCの組合せでしか結合できない。この関係を何というか。

- [ ] (9) DNAは，一方の鎖の塩基の並びが決まると，それを補うように対になるもう一方の鎖の塩基も決まる。この塩基どうしの対を何というか。

- [ ] (10) 下図はDNAの模式図である。ア～ウに入る塩基をA, T, G, Cでそれぞれ答えよ。

　A　ア
　イ　G
　T　ウ

ア
イ
ウ

- [ ] (11) ヌクレオチド鎖の塩基の並びを何というか。

- [ ] (12) DNAの一方の鎖の塩基がATTGTTCCAAのとき，もう一方の塩基の並びを答えよ。

EXERCISE

▶**22 〈DNA の構造〉** 図は DNA の構造の一部を模式的に示している。次の問いに答えよ。

(1) 図のア〜エに入る塩基を，それぞれ A，T，G，C で答えよ。

(2) DNA の A, T, G, C の量的な関係について最も適当なものを，次の中から1つ選べ。

① 同じ塩基どうしで結合する。

② A と G，T と C は同じ量になる。

③ A と G の和，T と C の和が等しくなる。

④ A と T の和，G と C の和が等しくなる。

(3) DNA の説明として誤っているものを，次の中から1つ選べ。

① 遺伝子の本体である。　② 糖にデオキシリボースをもつ。

③ 二重らせん構造である。　④ 塩基に U(ウラシル)をもつ。

(4) ヌクレオチドの構成単位として正しいものを，次の中から1つ選べ。

① 塩基—リン酸—糖　　② 塩基—糖—リン酸

③ 酸素—塩基—糖　　④ 酸素—糖—塩基

(5) 二重らせん構造をもつ DNA の A, T, G, C の塩基数の割合を調べたところ，全塩基数の A の割合が 28 % であった。T, G, C の割合はどのようになるか。

▶**23 〈DNA の構造〉** 表は各生物の組織から抽出した DNA の塩基数の割合(%)を示している。次の問いに答えよ。

生物	A	G	C	T
ヒトのひ臓	ア	19.5	19.7	30.4
ヒトの肝臓	30.3	19.9	19.5	30.3
ウシの肝臓	29.0	イ	21.0	ウ

(1) 同じ生物種では，塩基数の割合に規則性が見られる。この規則性を発見したのは誰か。

(2) 表中のア〜ウに入る数値を，次の中からそれぞれ選べ。

① 19.5　② 21.0　③ 25.0　④ 29.0　⑤ 30.4

(3) DNA の塩基数の割合を [A]，[T]，[G]，[C] で表したとき，二重らせん構造の DNA で成り立つ関係式を，次の中からすべて選べ。

① $[A] \div [G] = [C] \div [T]$　② $[A] + [C] = [T] + [G]$

③ $\dfrac{[A] + [T]}{[G] + [C]} = 1$　④ $\dfrac{[A] + [G]}{[C] + [T]} = 1$　⑤ $\dfrac{[A]}{[T]} - \dfrac{[G]}{[C]} = 0$

(4) 表の説明としてあてはまるものを，次の中から1つ選べ。

① 体細胞の核に含まれる DNA の4種類の塩基のそれぞれの数の割合は，同じ個体の一般的な体細胞ですべて等しい。

② 体細胞の核に含まれる DNA の4種類の塩基のそれぞれの数の割合は，同じ個体でもその細胞が属している組織で異なる。

③ 生物種が異なると，A：T，G：C の比は異なる。

▶**22**

(1) ア

　イ

　ウ

　エ

(2)

(3)

(4)

(5) T

　G

　C

▶**23**

(1)

(2) ア

　イ

　ウ

(3)

(4)

9 DNA の複製と分配

1 細胞分裂

すべての細胞は，**細胞分裂**によって生じる。

分裂期(M 期)…細胞分裂が行われる期間。

●体細胞分裂の分裂期の過程(動物細胞)

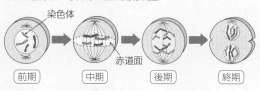

前期：糸状の染色体が凝縮し，核膜が消失する。
中期：染色体が赤道面に並ぶ。
後期：各染色体が分離し，両極に移動する。
終期：核膜が現れ，染色体がもとの状態に戻る。

間期…体細胞分裂が終了して次の細胞分裂が始まるまでの期間。間期はさらに，G₁ 期(DNA 複製の準備をする時期)，S 期(DNA を複製する時期)，G₂ 期(分裂の準備をする時期)にわけられる。

2 細胞周期

細胞は，間期と分裂期を周期的に繰り返して増殖している。この周期を**細胞周期**という。

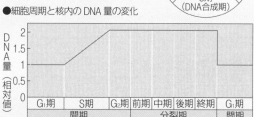

●細胞周期と核内の DNA 量の変化

DNA量(相対値)	G₁期	S期	G₂期	前期	中期	後期	終期	G₁期
	間期			分裂期				間期

体細胞分裂では，母細胞 1 個から，母細胞と DNA 量の同じ娘細胞が 2 個できる。

3 DNA の複製

半保存的複製…DNA の 2 本鎖それぞれを鋳型にして相補的なヌクレオチドが結合する複製様式。

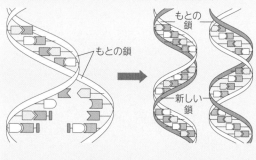

もとの鎖

もとの鎖
新しい鎖

ポイントチェック

□(1) 分裂期の 4 つの時期の名称を答えよ。

□(2) 染色体が太く短く凝縮して赤道面に並び，顕微鏡で最も観察しやすくなるのは，分裂期のいつか。

□(3) 染色体が両極に移動するのは分裂期のいつか。

□(4) 染色体の分配が行われている分裂期に対し，分裂期に先立つ期間を何というか。

□(5) 細胞分裂してできた細胞が次の細胞分裂を終えるまでの周期を何というか。

□(6) 間期のうち，DNA を複製する期間を何というか。

□(7) 間期のうち，DNA の複製の準備をする期間を何というか。

□(8) 間期のうち，分裂の準備をする期間を何というか。

□(9) 分裂前の細胞の DNA 量を 1 とすると，(7)の細胞の DNA 量はいくらか。

□(10) 分裂前の細胞の DNA 量を 1 とすると，(8)の細胞の DNA 量はいくらか。

□(11) 体細胞分裂において分裂前の細胞を何とよぶか。

□(12) 体細胞分裂の結果生じる 2 つの細胞を何とよぶか。

□(13) DNA の 2 本鎖のそれぞれを鋳型にして，相補的な塩基をもつヌクレオチドが結合することで新しい鎖がつくられる。このような DNA の複製様式を何というか。

EXERCISE

▶**24〈細胞周期〉** 次の文章を読み，下の問いに答えよ。

　細胞は，間期と ₐ分裂期(M 期)を繰り返して増殖しており，この周期を（　ア　）という。間期は，さらに ᵦG₁ 期，꜀S 期，ᵈG₂ 期に分けられる。G₁ 期は DNA の合成を準備する時期，S 期は DNA を合成する時期，G₂ 期は分裂前の準備にあたる時期である。分裂期と間期を比べると，要する時間は（　イ　）期の方がはるかに長い。

(1) 文中の（　）に入る適語を答えよ。

(2) 下線部 a ～ d のうち，DNA が複製される時期はどれか。

(3) 体細胞分裂における核 1 個あたりの DNA 量(相対値)の変化を折れ線グラフで示せ。ただし，分裂直後の核 1 個あたりの DNA 量を 2 とする。

▶**25〈細胞周期〉** タマネギの根の先端を材料にして，体細胞分裂の観察をした。分裂中の細胞が多く見えたところでその付近の細胞 500 個を観察し，細胞の DNA 量と核の特徴から表のように分類した。下の問いに答えよ。

分類群	G₁ 期	S 期	G₂ 期	分裂期
細胞数	165	200	35	100

(1) このタマネギの根を使った別の実験から，分裂期には平均 5.0 時間かかることがわかった。表の実験結果から，G₁ 期，S 期，G₂ 期にはそれぞれ何時間かかると推定できるか。ただし，このタマネギの細胞集団における細胞周期の進行は一定であると仮定し，観察できる各時期の細胞数は，その時期を通過する時間に比例するものとする。

(2) (1)の結果をもとに，最適条件下で 500 個の細胞が約 1000 個の細胞に増殖するまでにかかる時間は，何時間であると推定できるか。

▶**26〈体細胞分裂〉** ある植物の体細胞分裂の観察像を模式的に示した図を見て，下の問いに答えよ。

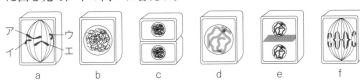

(1) 図の a ～ f を，b をスタートとして細胞分裂の進行の順に並べよ。

(2) 図の a，d は体細胞分裂のどの時期に相当するか。

(3) 図中の染色体エの相同染色体は，ア～ウのうちどれか。

(4) この植物の染色体数を答えよ。

▶**24**

(1) ア _____

　　イ _____

(2) _____

(3)

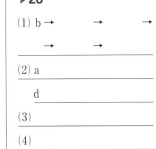

▶**25**

(1) G₁ 期 _____

　　S 期 _____

　　G₂ 期 _____

(2) _____

▶**26**

(1) b → ___ → ___

　→ ___ → ___

(2) a _____

　　d _____

(3) _____

(4) _____

❶ DNAに関する以下の文を読み，下の問いに答えよ。

遺伝子の本体である(a)DNAは通常，(b)二重らせん構造をとっている。しかし，例外的ではあるが，(c)1本鎖のDNAも存在する。表は，いろいろな生物材料のDNAを解析し，構成要素（構成単位）であるA，G，C，Tの数の割合を比較したものである。

生物試料	DNA中の塩基の数の割合(%)			
	A	G	C	T
①	26.6	23.1	22.9	27.4
②	27.3	22.7	22.8	27.2
③	28.9	21.0	21.1	29.0
④	24.4	24.7	18.4	32.5
⑤	24.7	26.0	25.7	23.6

(1) 下線部(a)に関連して，下図はDNAの2本のヌクレオチド鎖の，ヌクレオチドどうしの結合を模式的に示している。下図のア〜カに入る語句として，リン酸，糖，塩基のどれが適切か，それぞれ答えよ。

ア	—	イ	—	ウ	‥‥	エ	—	オ	—	カ

(2) DNAのヌクレオチドに含まれる糖は何か，答えよ。

(3) 下線部(b)に関連して，DNAの二重らせんモデルに最も近いものを，次の①〜⑤のうちから1つ選べ。

 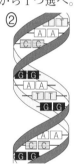 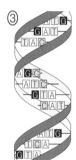 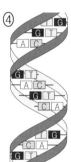 

(4) 下線部(c)に関連して，表の生物試料（①〜⑤）の中に1本鎖の構造のDNAをもつものが1つ含まれている。最も適当なものを1つ選べ。

(5) 新しい2本鎖DNAのサンプルを解析したところ，TがGの2倍量含まれていた。このDNAの推定されるAの数の割合(%)を，小数第一位まで求めよ。

(6) さらに，(5)とは異なる新しい2本鎖DNAのサンプルを調べたところ，2本鎖DNAの全塩基の30%がAであった。この2本鎖DNAの一方の鎖をX鎖，もう一方の鎖をY鎖としてさらに調べたところ，X鎖の全塩基数の18%がCであった。このとき，Y鎖DNAの全塩基数におけるCの数の占める割合(%)を求めよ。

(09・10センター本試改，15センター追試改)

(1) ア
　　イ
　　ウ
　　エ
　　オ
　　カ
(2)
(3)
(4)
(5)
(6)

❷ 体細胞分裂に関する以下の文を読み，下の問いに答えよ。

図1は，ある哺乳類の培養細胞の集団の増殖を示している。グラフから細胞周期の1回に要する時間 T が読み取れる。また，この培養細胞では，細胞周期のそれぞれの時期に要する時間 t は，次の式により計算できる。

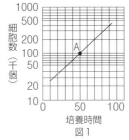

図1

$$t = T \times \frac{n}{N}$$

ただし，N は集団から試料としてとった全細胞数，n は試料中のそれぞれの時期の細胞数である。

(1) 1回の細胞周期に要する時間は，何時間であると推定できるか。

(2) 図2は，図1のAの時点で6000個の細胞を採取して，細胞あたりのDNA量を測定した結果である。次の文中の ア ～ ウ に入る記号として最も適当なものを，下の①～⑥のうちから1つずつ選べ。

図2の棒グラフの ア はDNA合成の時期の細胞である。 イ は，DNA合成のあと分裂開始までの時期と分裂期の両方の時期の細胞を含む。 ウ は分裂後からDNA合成開始までの時期の細胞である。

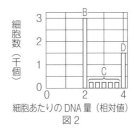

図2

① B　　② C　　③ D　　④ B＋C　　⑤ B＋D　　⑥ C＋D

(3) 図2で，測定した6000個の細胞のうち，DNA合成の時期の細胞数は1500個であった。また，分裂期の細胞数は300個であり，2つの核をもつ細胞の数は計算上無視できる程度であった。この培養細胞における分裂期(i)，分裂後からDNA合成開始までの時期(ii)，DNA合成の時期(iii)のそれぞれに要する時間を答えよ。ただし，細胞周期の1回に要する時間を100%とする。

(4) この哺乳類のDNA量が時間とともに変化する様子をグラフに示せ。ただし，0時間目を(ii)の時期の開始時とする。また，分裂後の細胞あたりのDNA量を2とする。　　（91センター追試改）

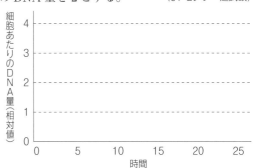

(1) _____
(2) ア _____
　　 イ _____
　　 ウ _____
(3) (i) _____
　　(ii) _____
　　(iii) _____

10 遺伝情報とタンパク質の合成①

1 タンパク質の構造

タンパク質は，多数のアミノ酸が鎖状につながった分子で，タンパク質を構成するアミノ酸は 20 種類ある。

アミノ酸の並び方を**アミノ酸配列**という。

アミノ酸配列の違いによってタンパク質の構造や機能に違いが生じる。

2 DNA(デオキシリボ核酸)と RNA(リボ核酸)

RNA は DNA と同様にヌクレオチドからなる。塩基は T にかわり **U(ウラシル)** が含まれ，A と U が相補的な塩基対となる。DNA の遺伝情報からタンパク質が合成される際に重要な役割を担う。

● DNA と RNA の違い

	糖	塩基	鎖の数
DNA	デオキシリボース※	A・**T**・G・C	2 本鎖
RNA	リボース	A・**U**・G・C	1 本鎖

※デオキシリボースは，デ=脱，オキシ=酸素，リボース の意味。

3 タンパク質の合成

転写…DNA の塩基配列に基づいて RNA がつくられる過程。合成された RNA を **mRNA**(伝令 RNA)という。

翻訳…mRNA の塩基配列に基づいてタンパク質がつくられる過程。指定されたアミノ酸は **tRNA**(転移 RNA)によって mRNA に運ばれる。

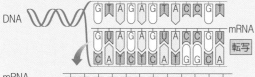

遺伝情報が「DNA → RNA →タンパク質」と一方向へ流れるという考え方を**セントラルドグマ**という。

4 遺伝子の発現と細胞の分化

DNA の遺伝情報に基づいてタンパク質が合成されることを遺伝子の**発現**という。

多細胞生物を構成する細胞が，特定の形態と機能をもつようになることを**分化**という。同じ個体の各細胞が異なる種類の細胞に分化するのは，発現する遺伝子が異なるためである。

ショウジョウバエやユスリカの幼虫のだ腺染色体では，転写がさかんに行われている**パフ**が観察できる。

パフ

…メチルグリーン・ピロニン染色液で染色することで観察できる。

ポイントチェック

□(1) 生体中の物質で最も種類が多く，生命活動において重要な働きを担う物質は何か。

□(2) タンパク質は何が多数結合してできたものか。

□(3) タンパク質の構造を決める(2)の並びを何というか。

□(4) 生体のタンパク質を構成するアミノ酸は全部で何種類あるか。

□(5) RNA に含まれ，DNA には含まれない塩基は何か。

□(6) (5)の塩基と相補的な塩基は何か。

□(7) RNA のヌクレオチド鎖は何本鎖か。

□(8) RNA を構成するヌクレオチドの糖は何か。

□(9) DNA の塩基配列をもとに mRNA が合成される過程を何というか。

□(10) DNA の塩基 ATGC と相補的な mRNA の塩基を答えよ。

□(11) mRNA の塩基配列をもとにタンパク質が合成される過程を何というか。

□(12) 1 種類のアミノ酸を指定する mRNA の塩基はいくつか。

□(13) 遺伝情報が「DNA → RNA →タンパク質」と一方向へ流れるという考え方を何というか。

□(14) DNA の遺伝情報に基づいてタンパク質が合成されることを何というか。

□(15) ユスリカの幼虫のだ腺染色体に見られる膨らんだ部分を何というか。

□(16) 細胞の働きや構造に違いが生じ，多様な細胞が生じることを何というか。

EXERCISE

▶**27 〈DNA と RNA〉** DNA と RNA のそれぞれ一方にあてはまるもの, また両方にあてはまるものを次の中からすべて選べ。

① 遺伝子の本体で二重らせん構造をとる。
② 細胞質などに存在し, タンパク質合成に関与する。
③ 染色体の成分である。　④ A・G・C・T の塩基をもつ。
⑤ A・G・C・U の塩基をもつ。　⑥ デオキシリボースをもつ。
⑦ リボースをもつ。　⑧ 通常, 1 本鎖である。
⑨ 塩基どうしが相補的に結合する性質をもつ。
⑩ 塩基 3 つで 1 種類のアミノ酸を指定する情報をもつ。
⑪ 糖とリン酸が交互に結合してヌクレオチド鎖を形成している。
⑫ 塩基の種類は 4 種類である。

▶**27**

DNA のみ _____

RNA のみ _____

両方 _____

▶**28 〈タンパク質の合成〉** 次の文章を読み, 下の問いに答えよ。

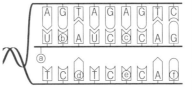

　DNA からタンパク質が合成される過程は, まず, DNA の二重らせんの一部がほどけ, ァ二方の鎖の塩基配列を鋳型として mRNA が合成される。次に ィmRNA の塩基配列に基づいてアミノ酸が並べられ, アミノ酸どうしが結合してタンパク質が合成される。

(1) 下線部ア, イの過程はそれぞれ何とよばれるか。
(2) 下線部イについて, 1 種類のアミノ酸はいくつの塩基によって指定されるか。
(3) 図は, 下線部アを模式的に示したものである。ⓐに入る適語と, ⓑ〜ⓕに入る塩基の記号をそれぞれ答えよ。
(4) 図のⓐの情報から最大何個のアミノ酸を指定することができるか。

▶**28**

(1) ア _____

　　イ _____

(2) _____

(3) ⓐ _____

　　ⓑ _____

　　ⓒ _____

　　ⓓ _____

　　ⓔ _____

　　ⓕ _____

(4) _____

▶**29 〈遺伝子の発現とパフ〉** ユスリカの幼虫のだ腺を染色して, だ腺染色体の観察を行った。次の問いに答えよ。

(1) だ腺がある場所は, 図 1 の a 〜 d のうちどこか。
(2) 図 2 において, A の部分を何というか。
(3) A の部分では DNA がほどけた状態になっている。何がさかんに合成されているか。
(4) だ腺染色体の観察において, DNA と RNA を染め分けるために使用する染色液は何か。
(5) (2)の位置や数は, ユスリカの成長にしたがって変化するか, しないか。

図 1 ユスリカの幼虫

図 2 だ腺染色体の一部

▶**29**

(1) _____

(2) _____

(3) _____

(4) _____

(5) _____

1 アミノ酸とタンパク質

アミノ酸の基本構造は，1つの炭素原子に**アミノ基**，**カルボキシ基**，**水素原子**が結合した共通部分と，**側鎖**からなる。アミノ酸の種類は，側鎖の違いによる。

アミノ酸は**ペプチド結合**で多数つながり**ポリペプチド**を形成している。

2 RNA

RNA には，**mRNA**，**rRNA**，**tRNA** の3種類がある。

RNA の種類	働き
mRNA（伝令 RNA）	DNA から遺伝情報を転写
rRNA（リボソーム RNA）	リボソームを構成
t RNA（転移 RNA）	翻訳の際にアミノ酸を運搬

3 転写のしくみ（真核生物）

① DNA に **RNA ポリメラーゼ**（**RNA 合成酵素**）が結合し，部分的に二重らせんがほどける。
②一方の鎖の塩基と相補的な mRNA が合成される。

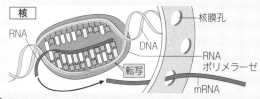

4 翻訳のしくみ（真核生物）

①細胞質基質に移動した mRNA に，タンパク質合成の場である**リボソーム**が結合する。
②特定のアミノ酸と結合した tRNA により，mRNA のもとへアミノ酸が運ばれる。
③ tRNA は mRNA の3つの塩基（**コドン**）に対応する3つの塩基（**アンチコドン**）をもち，コドンの情報にしたがって相補的に結合する。
④アミノ酸どうしがペプチド結合し，タンパク質が合成される。

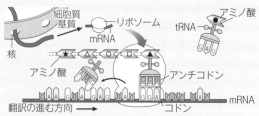

ポイントチェック

□(1) アミノ酸の構造には，1つの炭素原子に結合した3つの共通部分がある。その3つを答えよ。

□(2) アミノ酸の種類は，アミノ酸の構造の何の違いによって決まるか。

□(3) アミノ酸どうしをつなぐ結合を何というか。

□(4) アミノ酸が多数結合したものを何というか。

□(5) DNA から遺伝情報を写し取る RNA を何というか。

□(6) ほどけた DNA の塩基配列をもとにして RNA が合成される過程を何というか。

□(7) (6)の過程で，DNA の塩基配列と相補的な RNA を合成する酵素を何というか。

□(8) mRNA の塩基配列に指定された通りにアミノ酸が並び，タンパク質が合成される過程を何というか。

□(9) (8)の過程で，アミノ酸を運ぶ RNA を何というか。

□(10) 真核生物において，(6)は細胞のどこで行われるか。

□(11) mRNA の塩基3つの並びを特に何というか。

□(12) tRNA において，(11)に対応する3つの塩基を何というか。

□(13) タンパク質の合成の場となる細胞内の構造体を何というか。

EXERCISE

▶30 〈タンパク質の合成〉 次の文章を読み，下の問いに答えよ。

　図1は，DNAの複製と遺伝情報の流れを模式的に示している。DNAの複製は，体細胞分裂の間期のうち（　ア　）期で行われる。また，Aの過程は（　イ　）とよばれ，RNAが合成される。このRNAを特に（　ウ　）RNAという。Bの過程は（　エ　）とよばれ，RNAの情報をもとにタンパク質が合成される。このとき，a（　オ　）個の塩基が（　カ　）個のアミノ酸を指定し，b（　キ　）RNAによってアミノ酸が（　カ　）個ずつ運ばれる。このように，遺伝情報が一方向に流れるという考え方を（　ク　）という。真核生物の場合，Aの過程は（　ケ　）の中で，Bの過程は（　コ　）で行われる。

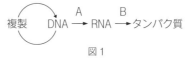

複製　DNA $\xrightarrow{A}$ RNA $\xrightarrow{B}$ タンパク質

図1

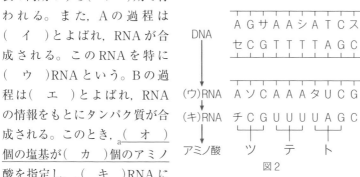

図2

表1　mRNAと対応するアミノ酸（一例）

塩基	アミノ酸
UUU	フェニルアラニン
UCG, AGC	セリン
UAG	－（終止）
CUU	ロイシン
AAA, AAG	リシン
AUC	イソロイシン

(1) 文中の（　）に入る適語または数字を答えよ。

(2) 図2はDNAの遺伝情報をもとにタンパク質が合成される過程を示している。サ〜チに入る塩基の記号をそれぞれ答えよ。

(3) 下線部aについて，1つのアミノ酸を指定するRNAの塩基のセットを何というか。

(4) 下線部bについて，アミノ酸を運ぶRNAで(3)の塩基に対応する塩基のセットを何というか。

(5) 表1は(3)に対応するアミノ酸を示している。これをもとに，図2のツ〜トに入るアミノ酸名をそれぞれ答えよ。

▶31 〈タンパク質〉 タンパク質を構成するアミノ酸は20種類ある。次の問いに答えよ。

(1) 150個の塩基からなるmRNAをもとに合成されるタンパク質は，最大何個のアミノ酸が連なっていると考えられるか。ただし，150個の塩基はすべて遺伝情報として機能するものとする。

(2) 5個のアミノ酸が直鎖状に結合している場合，何通りのアミノ酸配列が考えられるか。適当なものを次の中から1つ選べ。
　① 5　② 50　③ 5^{20}　④ 4^5　⑤ 20^5　⑥ 20×5

▶30

(1) ア＿＿＿＿＿＿

　　イ＿＿＿＿＿＿

　　ウ＿＿＿＿＿＿

　　エ＿＿＿＿＿＿

　　オ＿＿＿＿＿＿

　　カ＿＿＿＿＿＿

　　キ＿＿＿＿＿＿

　　ク＿＿＿＿＿＿

　　ケ＿＿＿＿＿＿

　　コ＿＿＿＿＿＿

(2) サ＿＿＿　シ＿＿＿

　　ス＿＿＿　セ＿＿＿

　　ソ＿＿＿　タ＿＿＿

　　チ＿＿＿

(3)＿＿＿＿＿＿

(4)＿＿＿＿＿＿

(5) ツ＿＿＿＿＿

　　テ＿＿＿＿＿

　　ト＿＿＿＿＿

▶31

(1)＿＿＿＿＿＿

(2)＿＿＿＿＿＿

12 ゲノムと遺伝子

1 遺伝情報と DNA

　親の形質が子に伝わることを**遺伝**といい，遺伝情報を担う物質は染色体に含まれる**DNA（デオキシリボ核酸）**である。

相同染色体…1個の細胞内に2本ずつ存在する，形と大きさが同じ染色体。ヒトの細胞には46本の染色体があり，相同染色体は23対ある。

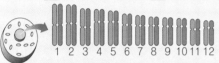

■ は父親由来の染色体　■ は母親由来の染色体

1 2 3 4 5 6 7 8 9 10 11 12

13 14 15 16 17 18 19 20 21 22 23

ゲノム（genome）…生殖細胞1つに含まれるすべての遺伝情報をいう。ヒトは父親由来のゲノムと母親由来のゲノムの2組のゲノムをもつ。

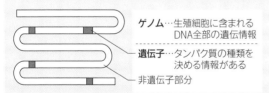

2 DNA と遺伝子

　DNA の塩基配列には遺伝情報が含まれる。塩基配列のうち，生物の形や性質を決める遺伝子はごく一部にすぎない。

ゲノム…生殖細胞に含まれる DNA 全部の遺伝情報

遺伝子…タンパク質の種類を決める情報がある

非遺伝子部分

3 ヒトゲノムの特徴

　ゲノムの大きさ（ゲノムサイズ）は，塩基対の数で示すことができる。ヒトゲノムの全塩基配列は，1990〜2003 年に行われたヒトゲノム計画により解読された。

ヒトゲノム		
	ゲノムサイズ	約30億塩基対
	遺伝子数	約2万2000個
	ヒトゲノム中の遺伝子の割合	1.5％程度

ポイントチェック

□(1)　形質が親から子へ伝わることを何というか。

□(2)　生物の遺伝情報を担っている物質を何というか。正式名称で答えよ。

□(3)　体細胞の染色体は同形・同大のものが対になっている。このような染色体を何というか。

□(4)　ヒトの体細胞には，染色体が何本あるか。

□(5)　ある生物の生殖細胞1つに含まれているすべての遺伝情報を何というか。

□(6)　ヒトの生殖細胞は何組の(5)をもつか。

□(7)　ヒトの受精卵は何組の(5)をもつか。

□(8)　ヒトの体細胞は何組の(5)をもつか。

□(9)　ヒトの DNA のうち，遺伝子として働く部分と，遺伝子として働かない部分では，どちらの割合が大きいか。

□(10)　ヒトゲノムの全塩基配列の解読をしたプロジェクトを何というか。

□(11)　ゲノムの大きさは何で示されるか。

□(12)　ヒトゲノムの大きさはおよそどれくらいか。

□(13)　ヒトゲノムに含まれる遺伝子は約何個か。

□(14)　ヒトゲノムのうち，遺伝子として働く部分は全体の約何％か。

EXERCISE

▶**32〈遺伝子とゲノム〉** 遺伝子とゲノムについて述べた次の文章を読み，下の問いに答えよ。

　生物は（　ア　）によって親から子へ遺伝情報を伝え，子孫を増やしている。この遺伝情報を担う物質が（　イ　）である。また，生物が生命活動を行うのに必要な最小の遺伝情報を（　ウ　）という。（　ア　）細胞には，（　ウ　）の情報が1組入っている。

　ヒトの全塩基配列は（　エ　）計画によって2003年に解読され，約（　オ　）億対の塩基配列の中に約（　カ　）個の遺伝子が含まれていることがわかった。（　エ　）を構成する（　イ　）のほとんどは非遺伝子部分であり，全塩基配列中に占める遺伝子の割合は（　キ　）％程度にすぎない。

(1) 文中の（　）に入る適語または数値を答えよ。

(2) ゲノムの説明として適当なものを，次の中から2つ選べ。

  ① ゲノムは生殖細胞のDNAの遺伝子部分である。

  ② ゲノムには遺伝子部分と非遺伝子部分が含まれる。

  ③ ゲノムは体細胞1つに含まれる一部の遺伝情報である。

  ④ ゲノムの大きさは生物の種類によって異なる。

▶**33〈遺伝子とゲノム〉** 表は，いろいろな生物のおよそのゲノムサイズと遺伝子の数をまとめたものである。ゲノムと遺伝子に関する記述として適当なものを，次の中から1つ選べ。

生物名	遺伝子数(個)	ゲノムサイズ (塩基対)
ヒト	約2万2000	約30億
シロイヌナズナ	約2万7000	約1億4000万
ショウジョウバエ	約1万4000	約1億7000万
メダカ	約2万	約7億
ニワトリ	約1万5000	約10億7000万
大腸菌	約4500	約460万

  ① ヒトの遺伝子1個あたりのゲノムサイズの平均は，約13万塩基対である。

  ② 生物のからだが大きく複雑になるほど遺伝子の数が多い。

  ③ ヒトの2万2000個の遺伝子には，ニワトリの1万5000個の遺伝子がすべて含まれる。

  ④ 生物のゲノムサイズが大きくなると，必ずしも遺伝子の数も多くなるわけではない。

  ⑤ 大腸菌は単細胞なので，つねに4500個の遺伝子が働いてタンパク質を合成している。

▶**32**

(1) ア

イ

ウ

エ

オ

カ

キ

(2)

▶**33**

❶ DNA に関する次の文章を読み，下の問いに答えよ。

　近年，(a)DNA の人工合成技術が飛躍的に進歩している。この合成技術を用いて，ある研究者グループは細菌 M の全ゲノムの塩基配列（約 100 万塩基対）の DNA を合成した（以後，合成ゲノム DNAとよぶ）。この合成ゲノム DNA を別の細菌 C に導入して細菌 C のゲノムと置き換えて，細菌 M' をつくろうとしたが，この細菌は増殖しなかった。これは，合成ゲノム DNA の塩基配列のうち，1塩基対が誤っていたためであった。この 1 塩基対を修正した合成ゲノム DNA を用いて同じ実験を行ったところ，細菌 M' の増殖が確認された。

(1) 次の文章は，上で説明した細菌 M' の作製実験に関連した記述とその考察である。文章中の
　　｜ ア ｜～｜ ウ ｜に入る語を答えよ。

　遺伝情報は DNA から RNA，そしてタンパク質へと一方向に流れていくという考え方がある。この考え方を｜ ア ｜という。この考え方に従うと，1 塩基対の誤りを含む DNA から｜ イ ｜されたRNA の塩基配列，さらにそこから｜ ウ ｜されたタンパク質のアミノ酸配列にも誤りが引き起こされたと考えられる。さらに詳しく調べたところ，この1 塩基対の誤りを含んだ遺伝子がコードしているタンパク質は，DNA の複製を開始させるのに必要な酵素の 1 つであった。このため，100 万塩基対中たった 1 塩基対の誤りによって DNA の複製が開始できず，細菌 M' が増殖できなかったと考えられる。

(1)
ア＿＿＿＿＿＿
イ＿＿＿＿＿＿
ウ＿＿＿＿＿＿

(2) 下線部 (a) に関連して，図のように DNA の二重らせんの片方の鎖の塩基の並びが「ATGTA」
　　のとき，この配列に相補的な「DNA の塩基配列」と「RNA の塩基配列」をそれぞれ答えよ。

図

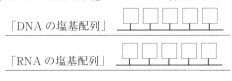

「DNA の塩基配列」

「RNA の塩基配列」

（20 センター本試改）

❷ タンパク質合成に関する次の文章を読み，｜ ア ｜～｜ イ ｜に入る数値を答えよ。

ア＿＿＿＿＿＿
イ＿＿＿＿＿＿

　mRNA の塩基配列がアミノ酸を指定するしくみを調べるために，人工的に合成した RNA からタンパク質を試験管内で翻訳させる実験が行われた。例えば，UGUGUGUG…のように，UG が繰り返した塩基配列のみで構成される RNA から翻訳された 1 つのタンパク質分子は，どの塩基から翻訳が開始されたとしても，｜ ア ｜種類のアミノ酸が繰り返された配列となった。また，UGCUGCUGC…のように，UGC が繰り返した塩基配列のみで構成される RNA から翻訳された 1 つのタンパク質分子は，どの塩基から翻訳が開始されたとしても，｜ イ ｜種類のアミノ酸が繰り返された配列となった。このような実験を他の塩基配列についても行うことによって，3つの塩基の並び方で 1 つのアミノ酸を指定することが証明された。　　　　（19 センター追試改）

❸ 生物の遺伝情報に関する以下の文章を読み，下の問いに答えよ。

　遺伝情報を担う物質として，どの生物も (a)DNA をもっている。それぞれの生物がもつ遺伝情報全体を (b)ゲノムとよび，動植物では生殖細胞（配偶子）に含まれる一組の染色体を単位とする。また，DNA の塩基配列の上では，ゲノムは「遺伝子として働く部分」と「遺伝子として働かない部分」から成り立っている。

(1) 下線部(a)に関連して，DNAを抽出するための生物材料として適当で (1)
ないものを，下の①〜⑦のうちから1つ選び，選んだ理由を答えよ。

① ニワトリの卵白　　　　② タマネギの根

③ アスパラガスの若い茎　④ バナナの果実

⑤ ブロッコリーの花芽　　⑥ サケの精巣　　⑦ ブタの肝臓

理由

(2) 下線部(b)に関する記述として適当なものを，次の①〜⑤のうちから (2)
2つ選べ。

① ヒトのどの個々人の間でも，ゲノムの塩基配列は同一である。

② 受精卵と分化した細胞とでは，ゲノムの塩基配列が著しく異なる。

③ ゲノムの遺伝情報は，分裂期の前期に2倍になる。

④ ハエのだ腺染色体は，ゲノムの全遺伝情報を活発に転写して膨らみ，パフを形成する。

⑤ 神経の細胞と肝臓の細胞とで，ゲノムから発現される遺伝子の種類は大きく異なる。

(15 センター本試改)

❹ 以下の文章を読み，下の問いに答えよ。

　DNAは遺伝子の本体であり，真核生物では染色体を構成している。近年，DNAや遺伝子に関わる学問や技術は飛躍的に進歩し，様々な生物種で (a)ゲノムが解読された。しかしながら，ゲノムの解読は，その生物の成り立ちを完全に解明したことを意味しない。例えば， (b)多細胞生物の個体を構成する細胞には様々な種類があり，これらは異なる性質や働きをもつ。

(1) 下線部(a)について，次の①〜④のうち，ゲノムに含まれる情報として (1)
正しいものをすべて選べ。

① 遺伝子の領域のすべての情報　　② 遺伝子の領域の一部の情報

③ 遺伝子以外の領域のすべての情報　④ 遺伝子以外の領域の一部の情報

(2) 下線部(a)について，約30億塩基対あるヒトゲノムのうち，タンパク質の種類を決めている塩基配列は約4500万塩基対といわれている。このことから，ゲノムと遺伝子の関係について，以下のキーワードをすべて用いて説明せよ。

　　（ヒトゲノム，遺伝情報，タンパク質）

(3) 下線部(b)について，このことの一般的な理由を，以下のキーワードをすべて用いて説明せよ。

　　（遺伝子，発現，タンパク質）

(21 共通テスト追試改)

❶ 次の文章は，遺伝子の本体にせまる歴史的実験について述べたものである。　❶
　　文章中の ア ～ エ に入る語の組合せとして最も適当なものを，下の
①～⑧から1つ選べ。

　肺炎双球菌(肺炎球菌)には病原性のS型菌と非病原性のR型菌がある。グリフィスは，R型菌と
加熱殺菌したS型菌を混ぜてネズミに注射する実験を行った。すると，このネズミには病気の症状が
現れ，その体内から生きた ア が見つかった。これは，死滅したS型菌の中の物質がR型菌の性
質や特徴を変化させたために起こった現象であり，このような現象を イ という。また，エイブリー
らは，S型菌の抽出液からタンパク質を分解させたものと，DNAを分解させたものをつくり，それ
ぞれR型菌と混ぜて培養する実験を行った。この場合， ウ を分解させた抽出液を用いた実験で
は ア の出現が確認されたが， エ を分解させた抽出液を用いた実験では確認されなかった。

	ア	イ	ウ	エ
①	R型菌	形質転換	DNA	タンパク質
②	R型菌	形質転換	タンパク質	DNA
③	R型菌	分化	DNA	タンパク質
④	R型菌	分化	タンパク質	DNA
⑤	S型菌	形質転換	DNA	タンパク質
⑥	S型菌	形質転換	タンパク質	DNA
⑦	S型菌	分化	DNA	タンパク質
⑧	S型菌	分化	タンパク質	DNA

(20 センター本試改)

❷ 以下の文章を読み，下の問いに答えなさい。　　　　　　　　　　　　　❷

　DNAの遺伝情報に基づいてタンパク質を合成する過程は，(a)DNAの遺　(1)
伝情報をもとにmRNAを合成する転写と，(b)合成したmRNAをもとにタ
ンパク質を合成する翻訳との2つからなる。　　　　　　　　　　　　　　　(2)

(1) 下線部(a)に関連して，転写においては，遺伝情報を含むDNAが必要である。それ以外に必
　要な物質とそうでない物質との組合せとして最も適当なものを，次の①～④のうちから1つ選べ。

	DNAの ヌクレオチド	RNAの ヌクレオチド	DNAを 合成する酵素	RNAを 合成する酵素
①	○	×	○	×
②	○	×	×	○
③	×	○	○	×
④	×	○	×	○

注：○は必要な物質を，×は必要でない物質を示す。

(2) 下線部(b)に関連して，転写と翻訳の過程を試験管内で再現できる実験キットが市販されてい
　る。この実験キットでは，まず，タンパク質Gの遺伝情報をもつDNAから転写を行う。次に，
　転写を行った溶液に，翻訳に必要な物質を加えて反応させ，タンパク質Gを合成する。タンパク
　質Gは，紫外線を照射すると緑色の光を発する。mRNAをもとに翻訳が起こるかを検証するため，
　この実験キットを用いて，図のような実験を計画した。図の ア ～ ウ に入る語句の組合せ
　として最も適当なものを，次の①～⑥のうちから1つ選べ。

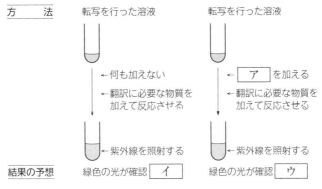

	ア	イ	ウ
①	DNA を分解する酵素	される	されない
②	DNA を分解する酵素	されない	される
③	mRNA を分解する酵素	される	されない
④	mRNA を分解する酵素	されない	される
⑤	mRNA を合成する酵素	される	されない
⑥	mRNA を合成する酵素	されない	される

(21 共通テスト本試改)

❸ 以下の文章を読み，下の問いに答えなさい。

近年，(a)様々な生物のゲノムが解読されている。ゲノム内には，遺伝子として働く部分と，遺伝子として働かない部分とがある。遺伝子として働く部分では，(b)その遺伝情報に基づいてタンパク質が合成される。

❸
(1) _____
(2)ア ___ イ ___

(1) 下線部(a)に関連する記述として最も適当なものを，次の①～⑤のうちから 1 つ選べ。
① 個人のゲノムを調べれば，その人の特定の病気へのかかりやすさを予想できる。
② 個人のゲノムを調べれば，その人がこれまでに食中毒にかかった回数がわかる。
③ 生物の種類ごとに，ゲノムの大きさは異なるが，遺伝子の総数は同じである。
④ 生物の種類ごとに，遺伝子の総数は異なるが，ゲノムの大きさは同じである。
⑤ 植物の光合成速度は，環境によらず，ゲノムによって決定されている。

(2) 下線部(b)に関連して，次の文章中の ア ・ イ に入る数値として最も適当なものを，次の①～⑦のうちからそれぞれ 1 つずつ選べ。ただし，同じものを繰り返し選んでもよい。

DNA の塩基配列は，RNA に転写され，塩基 3 つの並びが 1 つのアミノ酸を指定する。例えば，トリプトファンとセリンというアミノ酸は，次の表の塩基 3 つによって指定される。任意の塩基 3 つの並びがトリプトファンを指定する確率は ア 分の 1 であり，セリンを指定する確率はトリプトファンを指定する確率の イ 倍と推定される。

表

塩基 3 つの並び		アミノ酸
UGG		トリプトファン
UCA	UCG	
UCC	UCU	セリン
AGC	AGU	

①4　②6　③8　④16　⑤20　⑥32　⑦64

（試行テスト 2 回目）

13 体内環境と恒常性

1 恒常性(ホメオスタシス)

体内環境の維持
◇水分や無機塩類濃度の調節　◇体温の調節
◇心臓の拍動の調節　◇血糖量の調節

体内環境を一定に保つ性質を**恒常性(ホメオスタシス)**という。

2 体液 🌡

脊椎動物の体液

血液 ─ 組織液 ─ リンパ液

組織液:(血管からしみ出た血しょう成分で、細胞間を満たす)

リンパ液:(組織液の一部がリンパ管に入りリンパ液となる)

血球(有形成分) 約45%　血しょう(液体成分) 約55%

血しょう・リンパ液・組織液は成分がよく似ている。
(淡黄色の液体)

3 血液の組成と働き 🌡

ヒトの血液の総量は体重の約8%。血球は**骨髄**の**造血幹細胞**からつくられる。

	有形成分			液体成分
	赤血球	白血球※	血小板	血しょう
形状	円盤状，無核	不定形，球形，有核	不定形，無核	水(90%)，タンパク質，グルコース，脂質，無機塩類など
大きさ(直径 μm)	6〜9	9〜25	2〜4	
存在場所	血管内	血管内・外	血管内	
個数(万個/mm³)	380〜550(男) 330〜480(女)	0.4〜0.85	20〜40	栄養分・老廃物の運搬，免疫
働き	酸素の運搬	免疫	血液凝固	

※白血球は免疫にかかわる細胞(樹状細胞やリンパ球など)で、組織液とリンパ液にも存在する。

4 体液の循環 🌡

●ヒトの心臓の構造

▭ 動脈血が流れる　▨ 静脈血が流れる

上大静脈
洞房結節(ペースメーカー)
※洞房結節で心臓拍動リズムが自動的に決定される。
右心房
下大静脈
右心室
大動脈
肺動脈
肺静脈
左心房
左心室

体循環…動脈血が心臓から全身に運ばれ、各組織に酸素を供給。二酸化炭素を受け取って静脈血となり、心臓に戻る。

肺循環…静脈血が心臓から肺に運ばれ、二酸化炭素を放出する。酸素を受け取って動脈血となり、心臓に戻る。

体循環	左心室→大動脈→全身→大静脈→右心房
肺循環	右心室→肺動脈→肺→肺静脈→左心房

ポイントチェック

☐(1) 体外環境が変化しても、からだの状態が一定の範囲内に保たれることを何というか。

☐(2) 脊椎動物の体液を3種類答えよ。

☐(3) ヒトの血液の総量は、体重の約何%か。

☐(4) 血液の液体成分を何というか。

☐(5) 血液の有形成分(血球)を3種類答えよ。

☐(6) 血球は、骨髄の何という細胞からつくられるか。

☐(7) 赤血球に含まれる、酸素の運搬を行う色素タンパク質を何というか。

☐(8) 血球のうち、核をもつものは何か。

☐(9) 白血球は血液1mm³あたりどれくらいの数含まれるか。

☐(10) 白血球のおもな働きを答えよ。

☐(11) 血しょうが毛細血管の細胞のすき間を通って組織に出たものを何というか。

☐(12) 組織液とリンパ液に含まれる血球は何か。

☐(13) 血球のうち、血液凝固に働くものは何か。

☐(14) ヒトの心臓は何心房何心室か。

☐(15) ヒトの血液の循環経路のうち、全身の組織に酸素を供給する経路を何というか。

☐(16) 血しょう中に溶け込んで肺に運ばれ体外に放出される気体は何か。

EXERCISE

▶**34〈体液の働き〉** 次の文章を読み，下の問いに答えよ。

　生物は生きていくために，からだをとりまく（　ア　）環境との間で物質やエネルギーを交換する。多細胞動物においては，細胞はふつう体液に囲まれている。体液は体内を循環して，体内の環境を一定に保つ働きがある。これを（　ア　）環境に対して（　イ　）環境という。

　（　イ　）環境は，（　ア　）環境の変化や細胞での代謝，細胞からの排出物などにより絶えず変化する。しかし，生体はそれらの変化を感知し，体液の塩類濃度，体温，血糖濃度などの環境を一定に保つ仕組みがある。これを（　ウ　）という。

　ヒトの血液は，液体成分の（　エ　）と有形成分の（　オ　）に分けられる。（　エ　）の90％は水で，栄養分やホルモン，老廃物などの運搬にかかわる。有形成分は（　カ　），（　キ　），（　ク　）などの（　オ　）である。これらのうち，最も数が多い（　カ　）は，（　ケ　）という赤い色素タンパク質を含む。（　キ　）は（　オ　）の中で唯一核があり，生体防御に関係する。（　オ　）の中で最も小さい（　ク　）は，血液凝固に関係する。

(1) 文中の（　）に入る適語を答えよ。

(2) 文中の下線部について，水は体内環境を一定に保つ働きがある。この役割に関係が深い水の性質を，次の中からすべて選べ。

① 透明度が高い　　　　② 温まりにくく，冷めにくい
③ 凍ると比重が小さくなる　④ 物質を溶かす溶媒である
⑤ 水蒸気になると体積が膨張する

(3) ヒトの(オ)はどこでつくられるか。次の中から1つ選べ。

① 心臓　　② 腎臓　　③ すい臓　　④ 骨髄

▶**35〈体液の循環〉** ヒトの循環系を表した模式図について，下の問いに答えよ。

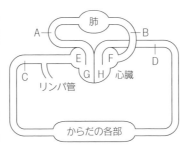

(1) 血管A～Dと心臓の部位E～Hの名称をそれぞれ答えよ。

(2) 図のHを出た血液が再びHに戻るまでの経路を，図のA～Hを用いて順に並べよ。

(3) 次のi，iiは，図のA～Dのうちどの血管を説明したものか。

i　酸素が最も多く含まれている血液が流れている。
ii　最も血圧が高い。

▶**34**

(1) ア

イ

ウ

エ

オ

カ

キ

ク

ケ

(2)

(3)

▶**35**

(1) A

B

C

D

E

F

G

H

(2) H →　　　→　　　→　　　→

→　　　→　　　→　　　→ H

(3) i

ii

14 血液の働き

1 酸素(O_2)・二酸化炭素(CO_2)の運搬

赤血球に含まれる赤色の色素タンパク質を**ヘモグロビン(Hb)**という。O_2 はヘモグロビンと結合し，各組織へ運ばれる。成分に**鉄(Fe)**が含まれている。

CO_2 は赤血球に受け渡されたのち，血しょうに溶け込み運ばれる。

2 酸素解離曲線

Hb は O_2 濃度が高く CO_2 濃度が低い肺胞で O_2 と結合し，**酸素ヘモグロビン(HbO_2)**となる。O_2 濃度が低く CO_2 濃度が高い組織では O_2 を解離し Hb に戻る。O_2 濃度と HbO_2 の割合との関係を示した曲線を**酸素解離曲線**という。

肺胞：$Hb + O_2 \rightarrow HbO_2$（酸素ヘモグロビン）

組織：$HbO_2 \rightarrow Hb + O_2$

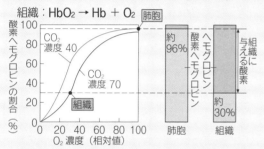

組織に与えられる酸素量 ＝
肺における HbO_2 － 組織における HbO_2

3 血液凝固反応

①出血すると，傷口に**血小板**が集まる。

②血小板や血しょう中の凝固因子により，繊維状タンパク質の**フィブリン**が形成される。

③フィブリンが血球を絡めとり，**血ぺい**を形成する。

④血管が修復されると，血ぺいが分解される(**線溶・フィブリン溶解**)。

発展 血液凝固のしくみ

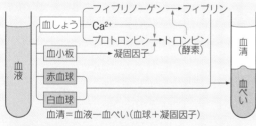

血清＝血液－血ぺい(血球＋凝固因子)

血液凝固の防止策：低温に保つ(酵素反応を阻害)，クエン酸ナトリウムを加える(Ca^{2+} の除去) など

4 免疫

免疫には，好中球やマクロファージ，リンパ球などの白血球がかかわっている(→ p.56)。

(→ p.56)

ポイントチェック

☐(1) 赤血球に含まれる，鉄を含む赤色のタンパク質は何か。

☐(2) (1)のおもな働きは何か。

☐(3) ヘモグロビンが酸素と結合すると何になるか。

☐(4) 酸素濃度が高い肺胞では，ヘモグロビンと酸素が結合する割合は高いか，低いか。

☐(5) 酸素濃度が低い細胞や組織では，ヘモグロビンと酸素が結合する割合は高いか，低いか。

☐(6) 組織で生じた二酸化炭素は，赤血球に受け渡されたのち，何により運ばれるか。

☐(7) 組織に与えられる酸素の量は，(ア)における HbO_2 ァの量から(イ)における HbO_2 の量を引いた値である。ィ

☐(8) 血液の凝固因子を放出する血球は何か。

☐(9) 傷口から出血した際にできる，繊維状のタンパク質を何というか。

☐(10) (9)が血球を絡めとることで形成される，傷口をふさぐものは何か。

☐(11) 血液中のさまざまな凝固因子により(9)ができ，傷口がふさがれるまでの一連の反応を何というか。

☐(12) 血液が凝固したときに見られる上澄み部分を何というか。

☐(13) (12)は血しょうから何を除いたものか。

☐(14) (10)が分解されることを何というか。

*☐(15) 血液凝固の過程で酵素とともに働くイオンは何か。

EXERCISE

▶**36〈赤血球と酸素解離曲線〉** 次の文章を読み，下の問いに答えよ。

　ヒトの血液の（　ア　）に含まれるヘモグロビンは，肺で酸素と結合してからだの各組織に酸素を運搬する。各組織で生じた（　イ　）は（　ア　）に取り込まれた後，液体成分の（　ウ　）に放出され，炭酸水素イオンの形で肺に運ばれる。

　ヒトの肺では，酸素濃度が高く，二酸化炭素濃度が低いので，ヘモグロビンは酸素と結合して酸素ヘモグロビンとなり，これにより血液は鮮やかな赤色の（　エ　）となる。組織では酸素濃度が低く，二酸化炭素濃度が高いので，酸素ヘモグロビンは酸素を解離しヘモグロビンに戻る。その結果，血液は暗赤色の（　オ　）となる。

(1) 文中の（　）に入る適語を答えよ。

(2) ヘモグロビンに含まれる金属元素は何か。

(3) 右図に示される曲線の名称を答えよ。

(4) 肺胞の酸素濃度が100，二酸化炭素濃度が50，組織の酸素濃度が40，二酸化炭素濃度が60である場合，次の酸素ヘモグロビンは何％となるか。

　　i　肺胞中の酸素ヘモグロビンの割合は何％か。

　　ii　肺胞中の酸素ヘモグロビンの何％が組織で酸素を解離するか。答えは小数第2位を四捨五入して求めよ。

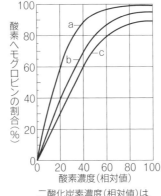

二酸化炭素濃度（相対値）は，
a：0，b：50，c：60

▶**36**

(1) ア＿＿＿＿＿＿＿＿
　　イ＿＿＿＿＿＿＿＿
　　ウ＿＿＿＿＿＿＿＿
　　エ＿＿＿＿＿＿＿＿
　　オ＿＿＿＿＿＿＿＿
(2)＿＿＿＿＿＿＿＿＿
(3)＿＿＿＿＿＿＿＿＿
(4) i＿＿＿＿＿＿＿＿
　　ii＿＿＿＿＿＿＿＿

▶**37〈血液凝固〉** 次の文章を読み，下の問いに答えよ。

　出血が止まらないと，命にかかわることもある。これを防ぐため，血液凝固のしくみがある。血管が傷ついたとき，（　ア　）がその箇所に集合して傷口をふさぐ。血管外に出た血液は，（　ア　）から放出された物質と複雑にかかわりながら血液凝固反応を起こし，最終的には（　イ　）とよばれる凝固塊ができる。この（　イ　）により，血管の破損箇所はふたをされ，血液の流出が止まる。血管内で血液凝固が起こると，（　ウ　）とよばれるしくみが働いて（　イ　）は分解される。

(1) 文中の（　）に入る適語を答えよ。

*(2) 右図は血液凝固のしくみを模式的に示している。a〜cに入る適語を答えよ。

```
( ア ) ───────→ 凝固因子 ←─── 傷組織
     ┌ ( a )┄┄┄┄┐ │
血   │           ┆ ↓
し   │ プロトロンビン ──→ ( b )
ょ   │
う   └ フィブリノーゲン ─────→ ( c )
         赤血球・白血球    ( イ )
```

▶**37**

(1) ア＿＿＿＿＿＿＿＿
　　イ＿＿＿＿＿＿＿＿
　　ウ＿＿＿＿＿＿＿＿
(2) a＿＿＿＿＿＿＿＿
　　b＿＿＿＿＿＿＿＿
　　c＿＿＿＿＿＿＿＿

1 肝臓の構造と働き

肝臓は，体内最大の臓器（器官）で，横隔膜のすぐ下にある。消化器官やひ臓に分布する毛細血管が合流し肝臓に入る血管を**肝門脈**という。栄養分を多く含む血液がここを通って肝臓へ流れ込む。

●肝臓と消化器官

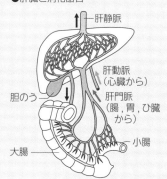

2 腎臓の働きと構造

腎臓は腹部の背側に2個あり，**皮質**と**髄質**，**腎う**からなる。

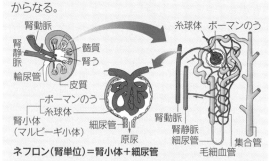

ネフロン（腎単位）＝腎小体＋細尿管

腎臓では血液中の老廃物の除去と，体内の塩類濃度の調節が行われている。

①血液が糸球体に入ると，血球やタンパク質などの大きな分子以外がボーマンのう内へ**ろ過**され**原尿**となる。

②原尿の中の水やグルコース，無機塩類などが細尿管や集合管で**再吸収**される。

③再吸収されない成分が濃縮されて尿となり，輸尿管を通ってぼうこうへ至る。

□(1) ヒトの体内で，消化器官に付随する最大の臓器は何か。

□(2) 肝臓に血液を運ぶ血管を2つ答えよ。

□(3) 肝臓に蓄えられる物質で，グルコースが多数結合したものは何か。

□(4) タンパク質やアミノ酸が分解されて生じる毒性の強い物質は何か。

□(5) (4)は肝臓で毒性の弱い物質に変えられる。この毒性の弱い物質は何か。

□(6) 肝臓でつくられた尿素を血液中から取り除く臓器はどこか。

□(7) アルコールのような有害物質を分解して無害化する作用を何というか。

□(8) 胆汁は十二指腸に分泌され，何の消化を助けるか。

□(9) 腎臓の基本構造はおもに3つの部位に分けられる。それぞれの名称を答えよ。

□(10) 糸球体とボーマンのうをあわせて何というか。

□(11) (10)と細尿管からなる，腎臓の構造上の単位を何というか。

□(12) 血液中の物質は糸球体からどこへろ過されるか。

□(13) 糸球体からろ過されないものを2つあげよ。

□(14) 糸球体からろ過された液体を何というか。

□(15) (14)から，必要な成分を再び血液に戻す働きを何というか。

□(16) (15)は腎臓のどこで行われるか。2箇所答えよ。

EXERCISE

▶**38〈肝臓の構造と働き〉** 図は，ヒトの内臓の模式図である。次の
各問いに答えよ。

(1) 肝臓はア～ケのうちどれか。

(2) 消化器官から運ばれた栄養分の豊富な
血液は，ある血管を通って肝臓に流れ込
む。この血管を何というか。

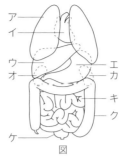

図

(3) 肝臓の働きのうち，アルコールなどの
有害な物質を無害化する作用を何とい
うか。

(4) 低血糖時，肝臓ではある物質の分解が促進され，生じたグルコー
スが血液中に供給される。分解される物質とは何か。

(5) 肝臓でつくられた胆汁は，ある器官に運ばれ，貯蔵・濃縮され
たあとに十二指腸へ分泌される。ある器官とは何か。

(6) 肝臓で合成される胆汁は黄緑色の色素ビリルビンを含んでいる。
この色素は何の分解産物に由来するか。

▶**39〈腎臓の構造と働き〉** 次の文章を読み，下の問いに答えよ。

腎臓の機能上の単位を(ア)といい，
その構造は右図のようになっている。血
液が糸球体を通るとき，(a)(イ)以
外の血しょうの成分は(ウ)に移動す
る。移動した液体を(エ)という。

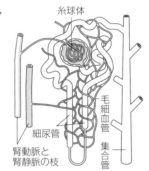

(エ)は(ウ)に連なる細尿管お
よび集合管を通るときに水と有用成分の
ほとんどが毛細血管に(オ)されるた
め，尿素やアンモニアなどの老廃物が濃
縮され，尿として体外に排出される。このように，腎臓は老廃物を
排出するとともに，(b)水や無機塩類の(オ)を行うことで，血
液中の塩類濃度を一定に保つ働きをしている。

(1) 文中の( )に入る適語を答えよ。

(2) 下線部(a)の過程を何というか。

(3) 健康なヒトにおいて，文中の(エ)に含まれないものを，次の中
から1つ選べ。

① 白血球　　② グルコース　　③ ビタミン　　④ 水

▶**38**

(1) _____

(2) _____

(3) _____

(4) _____

(5) _____

(6) _____

▶**39**

(1)ア _____

　イ _____

　ウ _____

　エ _____

　オ _____

(2) _____

(3) _____

3章　ヒトのからだの調節

❶ 次の文章を読み，下の問いに答えよ。

血液は，傷ついた血管の組織や試験管のガラスなどに触れると，流動性がなくなり凝固するしくみをもっている。血管が傷つくと，血小板が傷口に集まり，血小板から放出される血小板因子，傷ついた組織からのトロンボプラスチン，血しょう中の（ ア ）やその他の血液凝固因子が協調して働き，（ イ ）というタンパク質を活性化して（ ウ ）という酵素に変化させる。そして，これが（ エ ）というタンパク質に作用することで（ オ ）が形成される。（ オ ）は繊維状のタンパク質で，網目構造になって，傷口で血球をからめ取って（ カ ）を形成する。血液から（ カ ）を除いた液体が（ キ ）である。

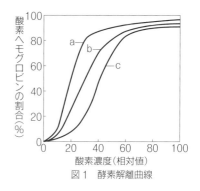

図1　酵素解離曲線

*(1) 文中の（ ア ）～（ キ ）に適切な語句を入れよ。

(2) （ カ ）は，しばらくして血管の傷が修復されると，体内ではあるしくみによってとり除かれる。このしくみを何というか答えよ。

(3) 図1は，ヒトの血液中の酸素濃度（相対値）と酸素ヘモグロビンの割合との関係を示した酸素解離曲線である。

　(i) 母体と胎児の二酸化炭素分圧を同じとしたとき，母体での曲線をbとすると，胎児での曲線はa，b，cのいずれになるか。

　(ii) 生体内でpHが低下すると，ヘモグロビンの酸素結合力は低下する。これはどのような生理的意義があるか，説明せよ。

（15金沢大，16京都府立大改）

(1)ア

　イ

　ウ

　エ

　オ

　カ

　キ

(2)

(3)(i)

(ii)

❷ 以下の文章を読み，下の問いに答えなさい。

血液は，収縮と弛緩を休みなく繰り返す心筋の活動により循環する。ヒトの血液の循環経路は，肺で新鮮な酸素を取り込む経路である（ ア ）循環と，全身を循環する経路である（ イ ）循環の2つに分けられる。

（ ア ）循環は，右心室→（ ウ ）→（ エ ）→（ オ ）→左心房の経路である。（ イ ）循環は，左心室→（ カ ）→（ キ ）→（ ク ）→右心房の経路である。

心臓の収縮リズムをつくっているのは，洞房結節である。洞房結節で活動電位が発生することにより心房筋と心室筋に興奮の伝導が起こり，収縮が引き起こされる。

(1) 空欄（ ア ）～（ ク ）に入る適正な語句を答えよ。

(2) 下線部の洞房結節は，規則的に電気信号を発している。そのため，心臓は中枢神経と連絡を絶たれても，規則的なリズムで拍動することができる。このことを何とよぶか。その名称を記せ。

（21東北大・浜松医大改）

(1)ア

　イ

　ウ

　エ

　オ

　カ

　キ

　ク

(2)

❸ 生物の特徴に関する以下の文章を読み，下の問いに答えよ。

　ヒトの腎臓は，腰椎の両側にあり，ソラマメ形をしている。内部は，皮質，（　ア　）および腎うの３つの部分よりなる。腎うの部分には，腎動脈，腎静脈および輸尿管が接続している。腎臓の最も外側の部分が皮質である。皮質には，毛細血管が複雑に絡まった（　イ　）と，これを包み囲むような袋状の構造のボーマンのうがあり，（　イ　）とボーマンのうを合わせて（　ウ　）という。ボーマンのうからは細尿管が出ている。（　ウ　）と細尿管は，腎臓の構造上，機能上の単位であるので，（　エ　）とよばれる。原尿中の水，グルコース，アミノ酸，無機塩類などは生きていくために必要な成分である。これらの物質は，細尿管や集合管を通過するときに周囲の毛細血管内へ，さらに腎臓の静脈の血しょうへと戻される。この選別過程を（　オ　）という。原尿中の必要な成分が（　オ　）され，尿素やそのほかの老廃物は残るために，結果として老廃物は細尿管内で濃縮され，最終的に尿がつくられる。

(1) 文中の空欄に入る語句を答えよ。

❓(2) 単位時間あたりにボーマンのうにろ過される血しょう量をろ過量という。腎機能の指標となるろ過量を調べるため**実験1**を行ったところ，図1の結果が得られた。図1から導かれる考察として適当なものを，下の①〜⑥のうちからすべて選べ。

実験1 イヌリンは，キク科植物の根に含まれる糖類で，ヒトのからだには含まれず，体内で利用されない。また，ろ過されるが再吸収はされないため，ろ過量の評価に用いられる。

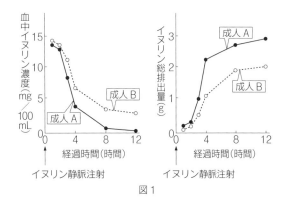

図1

成人Aと成人Bに対して，イヌリン3gを静脈に注射した。静脈注射後の血中イヌリン濃度と，尿中に排出されたイヌリン量を累積したもの（イヌリン総排出量）の時間変化を，図1に示す。

① 成人Aでは，イヌリン静脈注射後8時間の時点で，イヌリン総排出量は約1gである。

② 成人Aでは，イヌリン静脈注射後12時間の時点で，投与したイヌリンは，ほぼすべて尿中に排出された。

③ 成人Bでは，イヌリン静脈注射後12時間の時点で，血中イヌリンは，ほぼ0に近づく。

④ 成人Bでは，イヌリン静脈注射後8時間の時点で，投与したイヌリンは，ほぼすべて尿中に排出された。

⑤ 成人Aと成人Bともにイヌリンは尿中に排出されるが，血中イヌリン濃度は一定に保たれている。

⑥ 成人Aのろ過量は成人Bのろ過量よりも多いため，血中イヌリン濃度は，成人Aでは成人Bよりも低くなる。

(21 鹿児島大，20 センター追試改)

(3) ある試験で，原尿と尿でのイヌリンの濃度がそれぞれ1mg/mL，120mg/mLであった。このときのイヌリンの濃縮率は何倍になるか。

(1) ア _____
　　イ _____
　　ウ _____
　　エ _____
　　オ _____
(2) _____
(3) _____

16 自律神経系による調節

① 体内環境の維持のしくみ

体内環境の変化の情報は，間脳の視床下部に集約され，自律神経系と内分泌系により調節される。
- **自律神経系**：すばやく調節されるが持続性はない。
- **内分泌系**：調節に時間がかかるが持続性がある。

② 神経系

多細胞動物の体内では，多数の**神経細胞(ニューロン)** がつながって神経系を形成している。

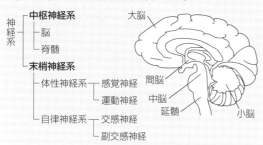

```
神経系 ┬ 中枢神経系 ┬ 脳
       │            └ 脊髄
       └ 末梢神経系 ┬ 体性神経系 ┬ 感覚神経
                    │            └ 運動神経
                    └ 自律神経系 ┬ 交感神経
                                 └ 副交感神経
```

病気や事故により，脳のすべての機能が停止し，もとに戻らなくなることがある。これを**脳死**という。

③ 自律神経系による調節

自律神経系…**交感神経**と**副交感神経**からなり，互いに対抗的(拮抗的)に働く。中枢神経により制御されるが，意思とは無関係に働く。

●交感神経と副交感神経の比較　　　　－：分布しない

	交感神経	副交感神経
働くとき	おもに活動時	おもに安静時
神経の起点	脊髄	中脳・延髄・脊髄
瞳孔	拡大	縮小
気管支	拡張	収縮
心臓の拍動	促進	抑制
胃腸のぜん動	抑制	促進
汗腺(発汗)	促進	－
立毛筋	収縮	－
ぼうこう(排尿)	抑制	促進

●自律神経系の分布

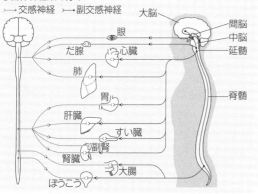

── 交感神経　╌╌ 副交感神経

大脳　間脳　中脳　延髄　脊髄
眼　だ腺　心臓　肺　胃　肝臓　すい臓　副腎　腎臓　大腸　ぼうこう

□(1)　体内環境の変化の情報を器官に伝えるしくみを2つ答えよ。

□(2)　動物の体内で電気的な信号を伝える細胞を何というか。

□(3)　脳や脊髄のような(2)が集中した神経系を何というか。

□(4)　各器官や組織と(3)とをつなぐ神経系を何というか。

□(5)　ヒトの脳を大きく分けたときの名称を，大脳を除き4つ答えよ。

□(6)　脳のすべての機能が停止した状態を何というか。

□(7)　末梢神経系を機能で分けたときの名称を2つ答えよ。

□(8)　体性神経系を構成する2つの神経の名称を答えよ。

□(9)　自律神経系を構成する2つの神経の名称を答えよ。

□(10)　活動時に働く自律神経は何か。

□(11)　食事のときや休息時に働く自律神経は何か。

□(12)　自律神経系の2つの神経は，互いに反対の作用をもつ。この作用を何というか。

□(13)　交感神経は分布しているが，副交感神経は分布していない器官を1つ答えよ。

□(14)　交感神経は中枢神経系のどこから出て各器官に分布しているか。

□(15)　副交感神経は中枢神経系のどこから出て各器官に分布しているか。3つ答えよ。

EXERCISE

▶**40 〈体内環境の維持〉** 次の文章を読み，下の問いに答えよ。

　ヒトのからだには，周囲の環境が変化しても体内環境をほぼ一定に保つ性質があり，これを（　ア　）という。体内環境の変化の情報は，おもに間脳の（　イ　）に集約され，調節は自律神経系と（　ウ　）の２つのしくみで行われる。(a)自律神経系による調節は，（　エ　）細胞によって情報が各器官に直接伝えられる。一方，(b)（　ウ　）による調節では，（　オ　）とよばれる物質が血液によって運ばれ，特定の器官に作用することで行われる。

(1) 文中の（　）に入る適語を答えよ。

(2) 下線部(a)と(b)について，それぞれにあてはまる記述を次の①〜④から選べ。

① 調節に時間がかかり，持続性はない。

② 調節に時間がかかり，持続性がある。

③ すばやく調節が行われ，持続性はない。

④ すばやく調節が行われ，持続性がある。

▶**41 〈体性神経系と自律神経系〉** 次の表は，ヒトの神経系についてまとめたものである。下の問いに答えよ。

神経系	（　ア　）神経系	脳，（　イ　）	
	（　ウ　）神経系	（　エ　）神経系	感覚神経
			運動神経
		自律神経系	交感神経系
			（　オ　）神経系

(1) 表中の（　）に入る適語を答えよ。

(2) 右の図は，ヒトの脳の模式図である。A〜Eの名称をそれぞれ答えよ。

(3) 視床下部があるのはどの部分か。A〜Eから選んで答えよ。

(4) 自律神経系の説明として誤っているものを，次の①〜⑧から３つ選べ。

① 交感神経は活動的なときに働き，副交感神経は休息時に働く。

② 自律神経系は，大脳によって意識的に調節されている。

③ 自律神経系は，血糖濃度の調節に関係している。

④ 自律神経系を構成する交感神経と副交感神経は，互いに対抗的な作用をする。

⑤ 胃や小腸などの消化管には，副交感神経は分布していない。

⑥ 交感神経は，中脳と延髄から出て各器官に分布している。

⑦ 延髄から出る副交感神経は，心臓や肺，肝臓に分布する。

⑧ 心臓の拍動を，交感神経は促進し，副交感神経は抑制する。

▶**40**

(1) ア＿＿＿＿＿

　　イ＿＿＿＿＿

　　ウ＿＿＿＿＿

　　エ＿＿＿＿＿

　　オ＿＿＿＿＿

(2) a＿＿＿＿＿

　　b＿＿＿＿＿

▶**41**

(1) ア＿＿＿＿＿

　　イ＿＿＿＿＿

　　ウ＿＿＿＿＿

　　エ＿＿＿＿＿

　　オ＿＿＿＿＿

(2) A＿＿＿＿＿

　　B＿＿＿＿＿

　　C＿＿＿＿＿

　　D＿＿＿＿＿

　　E＿＿＿＿＿

(3)＿＿＿＿＿

(4)＿＿＿＿＿

1 内分泌腺とホルモン

体液中に直接物質を放出することを**内分泌**といい，内分泌を行う器官や細胞を**内分泌腺**という。

●ホルモンの特徴
①内分泌腺でつくられ，体液中に放出される。
②血液によって運ばれる。
③ごく微量で作用する。
④受容体をもつ**標的細胞（標的器官）**にのみ作用する。
⑤作用は持続的である。

2 おもな内分泌腺とホルモン

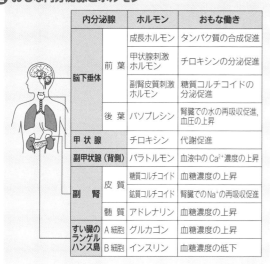

内分泌腺		ホルモン	おもな働き
脳下垂体	前葉	成長ホルモン	タンパク質の合成促進
		甲状腺刺激ホルモン	チロキシンの分泌促進
		副腎皮質刺激ホルモン	糖質コルチコイドの分泌促進
	後葉	バソプレシン	腎臓での水の再吸収促進，血圧の上昇
甲状腺		チロキシン	代謝促進
副甲状腺（背側）		パラトルモン	血液中の Ca^{2+} 濃度の上昇
副腎	皮質	糖質コルチコイド	血糖濃度の上昇
		鉱質コルチコイド	腎臓での Na^+ の再吸収促進
	髄質	アドレナリン	血糖濃度の上昇
すい臓のランゲルハンス島	A細胞	グルカゴン	血糖濃度の上昇
	B細胞	インスリン	血糖濃度の低下

3 ホルモンの分泌の調節

ホルモンの分泌は，間脳の**視床下部**とその下の**脳下垂体**によって調節される。

視床下部…ホルモン分泌の中枢。脳下垂体のホルモン分泌を調節する。
脳下垂体…視床下部の下に垂れ下がるようにあり，前葉と後葉からなる。

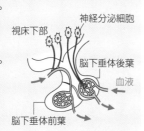

最終的につくられたものが，前段階に戻って作用するしくみを**フィードバック調節**という。

●チロキシン分泌の調整

```
                    フィードバック調節        チロキシン
      ↓(抑制)       ↓(抑制)                  の分泌過剰
 ┌───────┐     ┌───────┐     ┌─────┐     ┌─────┐
 │ 間  脳 │ ──→ │脳下垂体│ ──→ │甲状腺│ ──→ │ 組織 │
 │ 視床下部│     │ 前  葉 │     └─────┘     └─────┘
 └───────┘     └───────┘
  放出ホルモン    甲状腺刺激ホルモン   チロキシン
  の分泌量増加    の分泌量増加       の分泌量増加
```

- □(1) 体液中に化学物質を直接放出することを何というか。
- □(2) (1)を行う器官や細胞をまとめて何というか。
- □(3) (2)でつくられ，ごく微量で特定の細胞の働きを調節する物質を何というか。
- □(4) (3)が作用する特定の器官を何というか。
- □(5) (4)の細胞には特定の(3)と強く結合する構造がある。この構造を何というか。
- □(6) (3)を分泌する神経細胞を何というか。
- □(7) (3)分泌の中枢となるのはどこか。
- □(8) (7)から垂れ下がるようにある部位を何というか。
- □(9) ヒトの(8)はおもに何と何に分けられるか。
- □(10) 脳下垂体前葉から分泌され，タンパク質の合成を促進するホルモンは何か。
- □(11) 血糖濃度を増加させる働きをもつアドレナリンは，どこから分泌されるか。
- □(12) 甲状腺から分泌され，細胞内の化学反応を促進するホルモンは何か。
- □(13) 副甲状腺から分泌され，血液中のカルシウムイオン濃度を高めるホルモンは何か。
- □(14) 脳下垂体後葉から分泌され，腎臓での水の再吸収を促進するホルモンは何か。
- □(15) 最終的な産物が，その結果をもたらした原因に作用して調節するしくみを何というか。

EXERCISE

▶**42〈内分泌腺〉** 次の文章を読み，下の問いに答えよ。

　恒常性の維持に重要なしくみとして，ホルモンによる調節がある。ホルモンは，内分泌腺でつくられ，（　ア　）によって全身に運搬されて，特定の（　イ　）の働きを調節する。調節を受ける器官の細胞膜表面や内部には，特定のホルモンとだけ結合する（　ウ　）が存在し，ホルモンと結合することで作用する。ホルモンにはさまざまな種類があり，それぞれ作用を及ぼす細胞や組織，器官が決まっている。

(1) 文中の（　）に入る適語を答えよ。

(2) 次のⅠ〜Ⅴのホルモンについて，その働きをア群から，分泌される内分泌腺の名称をイ群から，内分泌腺の場所を下図のA〜Eからそれぞれ選べ。ただし，同じものを何度選んでもよい。

Ⅰ　インスリン	Ⅱ　グルカゴン	Ⅲ　バソプレシン	
Ⅳ　アドレナリン	Ⅴ　パラトルモン		

ア群
① 代謝の促進　　② 水の再吸収の促進
③ 血糖濃度の増加　　④ 血糖濃度の減少
⑤ 血液中のカルシウムイオン濃度を上昇

イ群
① すい臓ランゲルハンス島A細胞
② すい臓ランゲルハンス島B細胞
③ 副腎髄質　　④ 副腎皮質
⑤ 脳下垂体　　⑥ 肝臓
⑦ 副甲状腺　　⑧ 甲状腺

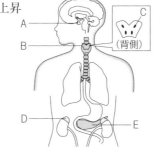

▶**43〈視床下部と脳下垂体〉** 次の文章を読み，下の問いに答えよ。

　ヒトにおけるさまざまなホルモンの分泌は，おもに間脳の（　ア　）と，その下の脳下垂体によって調節されている。（　ア　）には，ホルモンを合成・分泌する神経細胞があり，これを（　イ　）細胞という。脳下垂体は，（　ウ　）と（　エ　）に分かれており，（　ウ　）は（　ア　）から分泌されるホルモンによる調節を受け，各種の放出ホルモンや放出抑制ホルモンを血液中に分泌する。一方，（　エ　）には腺細胞はなく，（　ア　）から伸びた（　イ　）細胞の末端に蓄えられているホルモンが，必要に応じて血液中に分泌される。

　チロキシンは，代謝を促進するホルモンで（　オ　）から分泌される。（　オ　）は，脳下垂体（　ウ　）からの刺激ホルモンの影響を受けるが，間脳視床下部や脳下垂体の働きは，血液中のチロキシンの濃度によっても調節されていて，ホルモンの過剰な分泌を防いでいる。

(1) 文中の（　）に入る適語を答えよ。

(2) 下線部のように，最終的につくられた物質が前の段階に戻って作用するしくみを何というか。

▶**42**

(1) ア
　　イ
　　ウ

(2) | | ア群 | イ群 | 図 |
|---|---|---|---|
| Ⅰ | ・ | ・ | |
| Ⅱ | ・ | ・ | |
| Ⅲ | ・ | ・ | |
| Ⅳ | ・ | ・ | |
| Ⅴ | ・ | ・ | |

▶**43**

(1) ア
　　イ
　　ウ
　　エ
　　オ

(2)

1 血糖濃度の調節

血液に含まれるグルコースを**血糖**といい，血液 100 mL 中の血糖量 ［mg］ を血糖値という。健康なヒトの場合，**70 ～ 110 mg**（約 **0.1 %**）程度に調節される。

●低血糖時（空腹時など）

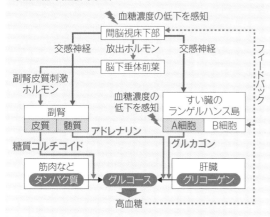

●高血糖時（食事直後）

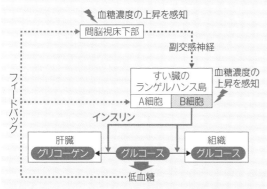

2 糖尿病

血糖濃度が常に高い状態にある病気を**糖尿病**といい，尿中にグルコースが排出されることがある。
1 型：ランゲルハンス島の B 細胞が破壊（遺伝的）
2 型：インスリン標的器官の感受性低下（生活習慣病）

●食事による血糖濃度とホルモン濃度の変化

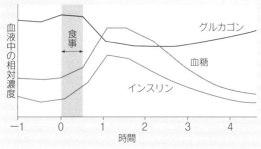

ポイントチェック

□(1)　血液中のグルコースの濃度を何というか。

□(2)　(1)は，健康なヒトで約何％に保たれているか。

□(3)　内分泌系と自律神経系による血糖濃度調節の中枢はどこか。

□(4)　すい臓の内分泌腺がある部分を何というか。

□(5)　血糖濃度の変化を感知する部分を 2 つ答えよ。

□(6)　低血糖時，肝臓では何が分解されてグルコースになるか。

□(7)　すい臓から分泌され，(6)の分解を促進して血糖濃度を上昇させるホルモンは何か。

□(8)　副腎髄質から分泌され，グリコーゲンの分解を促進して血糖濃度を上昇させるホルモンは何か。

□(9)　副腎皮質から分泌され，血糖濃度を上昇させるホルモンは何か。

□(10)　(9)のホルモンは何をグルコースに変え，血糖濃度を上昇させているか。

□(11)　低血糖時に働く自律神経は何か。

□(12)　高血糖時に血糖濃度を下げる働きのあるホルモンは何か。

□(13)　(12)を分泌する内分泌腺の名称を答えよ。

□(14)　インスリンの標的細胞の感受性が低下することで起こる糖尿病は何型か。

□(15)　糖尿病患者の血糖濃度は，健康なヒトに比べて高いか，低いか。

EXERCISE

▶44〈血糖濃度の調節〉　次の図は，血糖濃度の調節のしくみを模式的に示したものである。図を参考にして，下の問いに答えよ。

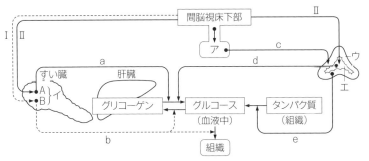

(1) 内分泌腺ア〜エと，自律神経Ⅰ・Ⅱの名称をそれぞれ答えよ。

(2) a〜eに示されるホルモンの名称をそれぞれ答えよ。

(3) 図の破線(‥‥)と実線(—)で，血糖濃度を下げる調節をしているのはどちらか。

(4) 右の図は，食事前後の血糖濃度の変化を示している。血糖濃度の変化に伴うホルモンaとbの血液中の濃度の変化を，曲線で簡単に示せ。

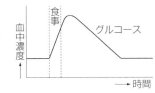

▶45〈糖尿病〉　次の文章を読み，下の問いに答えよ。

　血糖濃度は，高すぎても低すぎても生命活動に影響を及ぼす。血糖濃度がつねに（　ア　）状態になる疾患を糖尿病といい，糖尿病の患者は（　イ　）におけるグルコースの再吸収が間に合わず，グルコースを含んだ（　ウ　）が排出されることがある。糖尿病には，何らかの原因によりインスリンが分泌されなくなる1型糖尿病と，インスリンが標的器官に作用しなくなるなどして発病する2型糖尿病がある。

(1) 文中の（　）に入る適語を答えよ。

(2) 血糖濃度が低すぎるときの症状を，次の中からすべて選べ。

① 脳の機能が低下し，意識を失う。

② 血管や神経に傷を生じる。

③ 失明や手足の壊死などが起こる。

④ けいれんや手足の震えが出る。

⑤ 腎臓の機能が低下する。

(3) 次の図1〜3は，健常者，1型糖尿病，2型糖尿病のヒトの食事後の血糖濃度とインスリンの変化を示したものである。それぞれのヒトに相当する図を選んで答えよ。

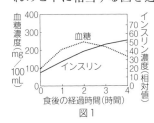
図1

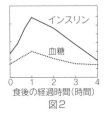
図2

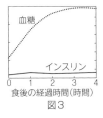
図3

▶44

(1) ア _____

　　イ _____

　　ウ _____

　　エ _____

　　Ⅰ _____

　　Ⅱ _____

(2) a _____

　　b _____

　　c _____

　　d _____

　　e _____

(3) _____

(4)

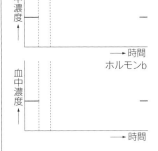

▶45

(1) ア _____

　　イ _____

　　ウ _____

(2) _____

(3) 健　常　者： _____

　　1型糖尿病： _____

　　2型糖尿病： _____

❶ 以下の文章を読み，下の問いに答えよ。

ヒトの体内環境の調節には，(a)自律神経による調節とホルモンによる調節とがあり，これらの調節の中枢は ア にある。例えば，自律神経による調節では， ア の活動によって イ の働きが強まると，胃や腸の活動が抑制される。ホルモンによる調節では， ア が放出ホルモンを分泌して ウ を刺激すると， ウ から副腎皮質刺激ホルモンの分泌が促される。

(1) 上の文章中の ア ～ ウ に入る適語をそれぞれ答えよ。

(2) 下線部(a)に関連して，ヒトが興奮や緊張した状態で生じる，体内環境の応答に関する記述として**誤っているもの**を，次の①～④のうちから1つ選べ。

① アドレナリンのはたらきによって，グリコーゲンの合成が促進される。

② 交感神経のはたらきによって，心拍数が増加する。

③ 糖質コルチコイドのはたらきによって，タンパク質からのグルコース合成が促進される。

④ チロキシンのはたらきによって，細胞における酸素の消費が増大し，細胞内の異化が促進される。

(18 センター本試改)

(1) ア＿＿＿＿＿＿＿
　　イ＿＿＿＿＿＿＿
　　ウ＿＿＿＿＿＿＿
(2)＿＿＿＿＿＿＿＿

❷ 以下の文章を読み，下の問いに答えよ。

(a)体内環境を保つしくみの1つにフィードバックがある。健康なヒトでは，視床下部が血糖濃度を調節する中枢として働いており，血糖濃度が低いと交感神経を通じてすい臓のA細胞と ア を刺激することで，それぞれグルカゴンとアドレナリンを分泌させる。同時に視床下部は放出ホルモンを分泌して イ を刺激し， ウ 刺激ホルモンを分泌させ， ウ から糖質コルチコイドを分泌させる。一方，血糖濃度が高い場合は，副交感神経を通じてすい臓のB細胞からインスリンを分泌させる。また，A細胞とB細胞が血糖濃度を直接感知する機構も存在する。このため血糖濃度は，食後一時的な変化が見られるものの，一定の範囲内に保たれる。これらのフィードバックによる調節が正常に機能しないと，(b)糖尿病などの病気につながる。

(1) 下線部(a)に関連して，健康なヒトに関する記述として適当なものを，次の①～⑥のうちから2つ選べ。

① 水分量の調節は，おもに免疫系と自律神経系が担っている。

② 体温の調節は，おもに自律神経系と内分泌系が担っている。

③ 体液は，体重の約70%を占めている。

④ 血液の有形成分である赤血球，白血球，および血小板は，いずれも無核の細胞である。

⑤ 血しょうは，血液から血液凝固により生じた血ぺいを除いた上澄みであり，抗体を含む。

⑥ リンパ節にはリンパ球が集まっており，リンパ液中の異物を取り除く。

(2) 上の文章中の ア ～ ウ に入る適語をそれぞれ答えよ。

❓(3) 下線部(b)に関して，右の図1は，検査のために健康な人Xと糖尿病患者Yがグルコース溶液を飲んだあとに起こる血糖濃度と血中インスリン濃度の時間変化を示している。この糖尿病患者の体内でみられる現象に関する記述として最も適当なものを，次の①～④のうちから1つ選べ。ただし，μUは活性をもつインスリンの量を示す単位である。

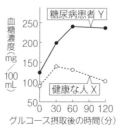
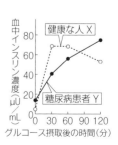

図1

① Yでは，グルコース溶液を飲む前の血糖濃度は，グルコース溶液を飲む前のXの血糖濃度より低い。

② Yでは，グルコース溶液を飲む前の血糖濃度は，グルコース溶液を飲んだXの血糖濃度の最高値より高い。

③ Yでは，グルコース溶液を飲んだ後の血中インスリン濃度は，グルコース溶液を飲んだ後のXの血中インスリン濃度よりも常に高い。

④ Yでは，グルコース溶液を飲んだ直後の血中インスリン濃度上昇は，グルコース溶液を飲んだ直後のXの血中インスリン濃度上昇よりも緩やかである。 (17 センター追試改)

(1) _____

(2) ア _____

イ _____

ウ _____

(3) _____

❸ 体内環境の調節について，次の問いに答えよ。

(1) 以下の文章中の ア ～ エ にあてはまる語句をそれぞれ答えよ。

体内環境の恒常性のためには，体内での情報をやりとりする必要があり，その重要な役割を担うのが神経である。脳や脊髄は神経細胞が集まってできており，これらを(a)中枢神経系という。体内環境を調節するうえで，この中枢神経系のなかで脊髄の上，頭部のほぼ中心部にある ア は特に重要な働きをしており，この ア の中にある イ とよばれる部分は，体温，血糖値，血圧など，体内環境の変化を感知するしくみをもっている。また，この ア から，各器官や臓器に信号を伝える神経系を(b)自律神経系とよぶ。

自律神経系は交感神経と副交感神経に分けられる。副交感神経は，中枢神経系のなかで ウ と エ あるいは脊髄の最下部から出ている末梢神経である。

(2) (1)の文章中の下線部(a)には中脳・小脳・延髄の部分が含まれている。これらの役割はどれか。正しいものを下の①～④のうちから1つずつ選べ。

① 姿勢を保つ中枢，眼球運動を調節する中枢

② 呼吸や心拍の調節をする中枢

③ 情報を処理し，高度な精神活動の中枢

④ 運動を調節する中枢

(3) (1)の文章中の下線部(b)には交感神経と副交感神経があるが，次のⅠ～Ⅲの器官の活動は交感神経と副交感神経のどちらが関与するか。正しいものを下の①～④のうちから1つずつ選べ。ただし，同じ選択肢を何度使ってもよい。

Ⅰ 気管支の拡張

Ⅱ すい臓のすい液分泌促進

Ⅲ 胃・小腸のぜん動促進

（解答群）

① 交感神経 ② 副交感神経

③ 交感神経と副交感神経の両方 ④ どちらでもない (16 大阪電気通信大改)

(1) ア _____

イ _____

ウ _____

エ _____

(2) 中脳 _____

小脳 _____

延髄 _____

(3) Ⅰ _____

Ⅱ _____

Ⅲ _____

19 生体防御と免疫

1 生体防御

　生物はさまざまな生体防御によって異物から身を守っている。

①物理的・化学的防御

…皮膚や粘膜により病原体の侵入をおさえる。また，細菌を殺す物質を含む涙やだ液を分泌して，病原体の侵入をおさえる。

②食細胞による食作用

…物理的・化学的防御では防ぎきれなかった病原体を，食細胞により排除する。物理的・化学的防御と食作用をまとめて，自然免疫とよぶ。

③獲得免疫

…自然免疫で防ぎきれなかった病原体を，リンパ球により排除する。

2 免疫に関係する細胞・器官

　免疫を担う白血球は免疫担当細胞ともよばれ，**樹状細胞，マクロファージ，好中球，T細胞，B細胞，ナチュラルキラー細胞（NK細胞）**などがある。このうち，T細胞，B細胞，NK細胞は**リンパ球**とよばれる。

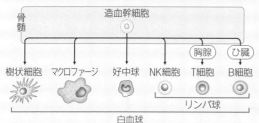

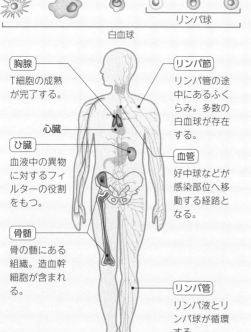

胸腺
T細胞の成熟が完了する。

心臓

ひ臓
血液中の異物に対するフィルターの役割をもつ。

骨髄
骨の髄にある組織。造血幹細胞が含まれる。

リンパ節
リンパ管の途中にあるふくらみ。多数の白血球が存在する。

血管
好中球などが感染部位へ移動する経路となる。

リンパ管
リンパ液とリンパ球が循環する。

ポイントチェック

□(1)　生物が病原体などの異物から身を守ろうとする働きを何というか。

□(2)　(1)のうち，病原体などを排除するしくみを何というか。

□(3)　からだをおおう皮膚や粘膜，涙に含まれる酵素などにより，異物の侵入を防ぐしくみを何とよぶか。

□(4)　生まれつき備わり，不特定の異物に対して働く(2)を何というか。

□(5)　異物の侵入後に，異物を特異的に排除するように働く(2)を何というか。

□(6)　白血球は骨髄にある何という細胞から分化してできるか。

□(7)　白血球にはリンパ球と好中球のほかに何とよばれる細胞があるか。2つあげよ。

□(8)　リンパ球は，大きく3つの細胞に分けられる。それぞれの名称を答えよ。

□(9)　骨髄でつくられ，胸腺で成熟するリンパ球を何というか。

□(10)　骨髄でつくられ，ひ臓で成熟するリンパ球を何というか。

□(11)　多数の白血球が存在する，リンパ管の途中にあるふくらみを何というか。

□(12)　免疫にかかわる器官のうち，血液中の異物に対するフィルターの役割をもつ器官は何か。

EXERCISE

▶46 〈生体防御〉 次の(1)～(6)の文は, 下の①～③の防御機構のうちのどれと関係が深いか。最も適当なものを1つずつ選べ。

(1) 擦り傷を負った部分を消毒せずに放置したところ, 化膿して膿(うみ)がたまった。

(2) 涙や鼻汁に含まれる酵素は炎症を防ぎ, 消毒の効果がある。

(3) 胃の中の胃液は強い酸性を示す。

(4) はしかに一度感染すると, 通常は二度と感染しない。

(5) 気管に入った異物は粘液やたんによって排除される。

(6) スギ花粉の侵入で, くしゃみや充血が起こる。

① 物理的・化学的防御 ② 自然免疫による防御

③ 獲得免疫による防御

▶46
(1)
(2)
(3)
(4)
(5)
(6)

▶47 〈生体防御と免疫〉 次の文章を読み, ( )に入る適語を答えよ。

生体防御のしくみには, 3つの防御機構がある。1つ目は, 皮膚や粘膜などによって異物が体内へ侵入するのを防ぐ機構である。気管内部の粘膜からは常に(ア)が分泌され, (イ)の運動によって侵入した異物が(ア)とともに外へ排除される。2つ目は, 体内に侵入した異物を体液中の(ウ)が非特異的に排除する機構である。血液中の好中球や組織液中のマクロファージなどは, 異物を取り込み分解する(エ)という働きをもつ。この防御機構は, 動物が生まれつきもっているもので, (オ)とよばれている。3つ目は, B細胞とT細胞を中心として特異的に異物を排除する機構である。この機構は, 生まれつき備わっているのではなく, 異物の侵入後に得られるもので, (カ)とよばれる。

▶47
ア
イ
ウ
エ
オ
カ

▶48 〈生体防御にかかわる器官〉 次の文章を読み, 下の問いに答えよ。

ヒトの生体防御には, いくつかの器官が重要な役割をはたしている。そのうち(ア)では, リンパ球を含むすべての白血球がつくられている。リンパ球には大別して, (イ)で成熟するT細胞と, (ウ)で成熟するB細胞, (ア)でそのまま分化するNK細胞がある。成熟したリンパ球は, 血管とリンパ管を通って全身を循環し, リンパ管のところどころにある(エ)や, 体内最大のリンパ器官である(ウ)で, 侵入した異物と出合い, 免疫反応を起こす。

(1) 文中の( )に入る器官の名称を答えよ。

(2) 右図はヒトにおける生体防御にかかわる器官を模式的に示している。文中の(ア)～(エ)の器官は, それぞれ図のa～fのどれと対応するか。

(2011 東邦大改)

▶48
(1)ア
イ
ウ
エ
(2)ア　　　イ
ウ　　　エ

3章 ヒトのからだの調節

20 自然免疫

1 自然免疫

自然免疫には，**物理的・化学的防御**，**食作用**などがある。うまれつき備わった異物排除のしくみであり，さまざまな異物に対して働く。

2 物理的・化学的防御

①皮膚

…皮膚の表皮には，死んだ細胞が層状になった角質層があり，ウイルスの侵入を防御する。また，皮膚を弱酸性に保つことで，細菌の繁殖を抑制する。

②粘膜

…粘膜から分泌される粘液とともに，くしゃみなどで異物を体外に排出する。また，涙などに含まれるリゾチームという酵素が，細菌の侵入を防ぐ。

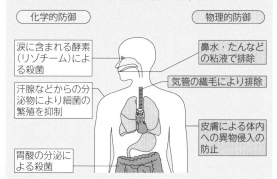

化学的防御

涙に含まれる酵素（リゾチーム）による殺菌

汗腺などからの分泌物により細菌の繁殖を抑制

胃酸の分泌による殺菌

物理的防御

鼻水・たんなどの粘液で排出

気管の繊毛により排出

皮膚による体内への異物侵入の防止

3 食作用

物理的・化学的防御をやぶって体内に侵入した異物を，好中球，マクロファージ，樹状細胞などの食細胞が細胞内へ取り込み（食作用），異物を酵素によって分解する。

異物（細菌など）

取り込み　消化・分解

食細胞

4 炎症

異物が侵入したり傷ができたりしたさいに，その部位で血管が拡張し，発熱，腫れ，痛みなどが生じる一連の反応を炎症という。

5 感染細胞の排除

細胞内に異物が侵入してしまった場合は，NK細胞が感染した細胞ごと排除する。

NK細胞　　直接攻撃・破壊　　感染した細胞

□(1) 皮膚の表層にある，死んだ細胞が層状になった構造を何というか。

□(2) (1)は何の侵入を防ぐか。

□(3) 鼻，口，気管などの粘膜から分泌される粘性の高い分泌液を何というか。

□(4) 涙やだ液に含まれる，細菌の細胞壁を分解する酵素は何か。

□(5) 胃の内壁から分泌され，殺菌作用をもつ強い酸性の分泌液を何というか。

□(6) 物理的防御の例を1つあげよ。

□(7) 化学的防御の例を1つあげよ。

□(8) 異物を細胞内に取り込み，酵素によって消化・分解する働きを何というか。

□(9) (8)を行う細胞を総称して何というか。

□(10) (9)にはどのような細胞があるか，3つ答えよ。

□(11) 自然免疫にかかわるリンパ球のうち，ウイルスに感染した細胞を直接攻撃するものは何か。

□(12) 異物の侵入部位の血管が拡張し，発熱したり腫れが生じたりする一連の反応を何というか。

EXERCISE

▶**49〈物理的・化学的防御〉** 次の①～⑨のうち，物理的・化学的防御に直接関係しないものをすべて選べ。

① 皮脂　　② コラゲナーゼ　　③ リゾチーム

④ だ液　　⑤ 胃酸　　⑥ くしゃみ

⑦ 発熱　　⑧ 皮膚の角質層　　⑨ 皮膚の真皮

（2016 東京薬科大改）

▶**49**

▶**50〈自然免疫〉** 次の文章を読み，下の問いに答えよ。

外部からの異物に対しては，まず（　ア　）がはたらき，体内への異物の侵入を防ぐ。たとえば，ヒトの皮膚の表皮にある（　イ　）はウイルスの侵入を防いでいる。

（　ア　）で防ぎきれず体内に侵入した異物は，マクロファージなどによる（　ウ　）によって排除される。（　ア　）と（　ウ　）をまとめて自然免疫という。さらに，自然免疫で防ぎきれなかった異物は，獲得免疫によって排除される。

(1) 文中の（　）に入る適語を答えよ。

(2) （　ア　）の防御機構についての記述として，誤っているものを，次の①～④の中から１つ選べ。

① 涙に含まれるリゾチームは，細菌（異物）の細胞壁を分解する。

② 無菌状態にある腸管粘膜は，消化液による細菌（異物）の破壊を促進する。

③ 強い酸性を示す胃液は，細菌（異物）の増殖を抑制する。

④ 気管内の表面にある繊毛は，粘液とともに異物を体外へ送り出す。

(3) 獲得免疫と比較したときの自然免疫の特徴に関する記述として最も適当なものを，次の①～④の中から１つ選べ。

① 自然免疫には，好中球や NK 細胞が関与し，抗原ごとに特異的な反応が起こる。

② 自然免疫には，T 細胞や B 細胞が関与し，抗原ごとに特異的な反応が起こる。

③ 自然免疫には，好中球や NK 細胞が関与し，抗原の種類にかかわらず同じ反応が起こる。

④ 自然免疫には，T 細胞や B 細胞が関与し，抗原の種類にかかわらず同じ反応が起こる。

▶**50**

(1) ア

　　イ

　　ウ

(2)

(3)

21 獲得免疫のしくみ

1 獲得免疫

　獲得免疫には，キラーT細胞が感染細胞を直接攻撃する**細胞性免疫**と，抗体によって抗原を排除する**体液性免疫**がある。

抗原：リンパ球により非自己と認識される異物。

抗体：**免疫グロブリン**というタンパク質。抗原と特異的に結合する（**抗原抗体反応**）。

2 細胞性免疫

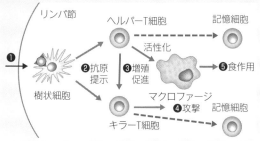

　樹状細胞がヘルパーT細胞とキラーT細胞に**抗原提示し**（❷），ヘルパーT細胞はキラーT細胞の増殖を促進する（❸）。キラーT細胞は感染細胞を攻撃し（❹），マクロファージは感染細胞を食作用により排除する（❺）。

拒絶反応：臓器移植などの際に，移植部位がキラーT細胞により異物と認識され脱落してしまう現象。

3 体液性免疫

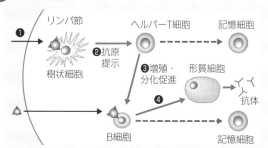

　ヘルパーT細胞はB細胞の増殖・分化を促進する（❸）。B細胞は**形質細胞**（抗体産生細胞）に分化して抗体をつくり，体液中に放出する（❹）。抗原抗体反応が起こり，抗原と抗体の複合体をマクロファージが食作用により排除する。

4 免疫の記憶

　一度侵入した抗原が再び体内に侵入すると，その抗原に対する**記憶細胞**がすぐに増殖して応答する。これを**二次応答**といい，同じ病気にかかりにくくしている。

ポイントチェック

- □(1) リンパ球に非自己と認識され，獲得免疫の攻撃の対象となる異物を何というか。
- □(2) (1)と特異的に結合するタンパク質を何というか。
- □(3) (2)は何というタンパク質からなるか。
- □(4) 抗体が抗原に特異的に結合する反応を何というか。
- □(5) 獲得免疫のうち，リンパ球が感染細胞を直接攻撃し，排除する免疫を何というか。
- □(6) (5)で感染細胞を攻撃するリンパ球は何か。
- □(7) 抗原の情報を認識したB細胞やT細胞の一部は体内に残り，次の感染に備える。この細胞を何というか。
- □(8) 移植した皮膚や臓器がキラーT細胞により排除されてしまうことを何というか。
- □(9) 抗体によって抗原を排除する免疫を何というか。
- □(10) 侵入した抗原を食作用で排除しながら抗原の情報を提示する細胞を何というか。
- □(11) 抗原提示を認識して活性化し，B細胞の増殖を促すリンパ球は何か。
- □(12) 抗原の情報を認識し，抗体産生細胞に分化するリンパ球は何か。
- □(13) 抗原と抗体が特異的に結合した複合体は，マクロファージのどのような働きで排除されるか。
- □(14) 一度侵入した抗原が再侵入した場合に起こる，短時間で強い免疫反応を何というか。

EXERCISE

▶51 〈獲得免疫〉 次の文章を読み，下の問いに答えよ。

体内に抗原が侵入すると，細胞aが抗原を取り込み，食作用によって分解する。そして，細胞aは，ァ分解した抗原の一部を細胞表面に示す。これを受けた細胞bは，抗

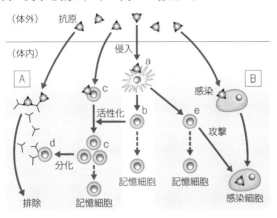

原に対する ィ抗体をつくるよう細胞cの増殖や分化を促す。細胞cは分裂・増殖した後，抗体をつくる細胞dに分化する。そして，侵入した抗原に対する抗体をつくり，体液中に放出する。放出された ゥ抗体は抗原と特異的に結合して，マクロファージなどの食作用によって排除される。一方，細胞aが示した抗原の情報は細胞eにも認識される。細胞eは増殖し，感染細胞を直接攻撃して破壊する。

(1) 文中および図中の細胞a～eの名称をそれぞれ答えよ。

(2) 下線部アを何というか。

(3) 下線部イに関して，抗体は何とよばれるタンパク質からなるか。

(4) 下線部ウの反応を何というか。

(5) 図中のAに示したような免疫を何というか。

(6) 図中のBに示したような免疫を何というか。

▶51

(1) a _____

　 b _____

　 c _____

　 d _____

　 e _____

(2) _____

(3) _____

(4) _____

(5) _____

(6) _____

▶52 〈免疫記憶〉

記憶細胞の性質を調べるために，次のような実験を行った。

あるニワトリに，これまで体内に侵入したことのない抗原Aを注射した。その6週間後，同じニワトリに抗原

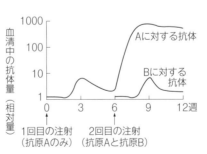

1回目の注射　　2回目の注射
（抗原Aのみ）　（抗原Aと抗原B）

Aおよび抗原Bを同時に注射し，1回目と2回目の注射後の血液中の抗体量の推移を調べたところ，図のような結果が得られた。なお，抗原と抗体との結合反応はきわめて特異的であり，また，それぞれの抗原に対して特異的な抗体がつくられる。

2回目の注射後，ニワトリの血液中に抗原Aと抗原Bに対する抗体の量や産生時期に大きな違いがみられた。その理由として考えられることを，「抗原」と「抗体」の語を用いて簡潔に説明せよ。

（2010 京都府大改）

▶52

22 免疫と疾患

❶ 免疫の利用

予防接種：弱毒化した病原体や毒素をワクチンとして接種して，人為的に免疫記憶を獲得させる方法。
例 麻疹，インフルエンザ，結核などの予防

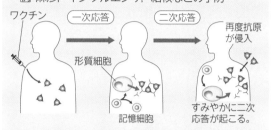

ワクチン　一次応答　二次応答　再度抗原が侵入
形質細胞
記憶細胞　すみやかに二次応答が起こる。

血清療法：ウマやウサギなどに抗原を接種して抗体をつくらせ，その抗体を含む血清を患者に接種して治療を行う。
例 ヘビ毒やジフテリアの治療

❷ 免疫の過敏

アレルギー：過敏な免疫反応によって起こる生体に不都合な状態。アレルギーの原因となる抗原を**アレルゲン**という。

アナフィラキシー：複数の器官で起こる急激なアレルギー。アナフィラキシーのうち，生死にかかわる重篤な症状を**アナフィラキシーショック**という。

❸ 免疫の低下

免疫不全：免疫機能が低下したり，なくなったりする状態。先天性のものと後天性のものがある。

後天性免疫不全症候群（AIDS，エイズ）：HIV（ヒト免疫不全ウイルス）がヘルパーT細胞に感染し，これを破壊することで免疫不全が引き起こされる病気。AIDSを発症すると，健康なときには発症しないような病原体に感染しやすくなる（日和見感染）。

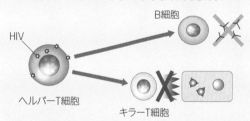

B細胞
HIV
ヘルパーT細胞
キラーT細胞

自己免疫疾患：自身の細胞を非自己と誤認して攻撃する疾患。ふつう，自己を攻撃するT細胞は排除される（免疫寛容）。

ポイントチェック

□(1) ウイルスなどの感染を防ぐため，弱毒化した毒素や病原体を接種することを何というか。

□(2) (1)で接種する弱毒化した毒素や病原体は何とよばれるか。

□(3) 体内の毒素を速やかに排除するために，あらかじめ作成した抗体を含む血清を使って治療する方法を何というか。

□(4) 免疫が過敏に反応し，からだに不都合に働くことを何というか。

□(5) (4)の反応の原因となる物質を何というか。

□(6) (4)のうち，全身に起こる急激な反応を何というか。

□(7) (6)が重症化すると，急激な血圧降下などの生死にかかわる症状が出ることがある。これを何というか。

□(8) 免疫機能が働かなくなり，感染症にかかりやすくなる状態を何というか。

□(9) HIVの感染によって，免疫不全が起こる病気を何というか。

□(10) HIVは，ヒトのどの細胞に感染するか。

□(11) (9)の発症が原因で，通常はかからない病原体に感染してしまうことを何というか。

□(12) 自己成分に対する抗体ができたり，自己組織をキラーT細胞が攻撃したりして起こる疾患を何というか。

□(13) 自分の細胞に反応するT細胞やB細胞が，成熟前に排除されることを何というか。

▶**53 〈免疫の利用〉** 免疫に関する次の各問いに答えよ。

(1) 血清療法と予防接種を説明する文として正しいものを，次の①〜⑤のうちから1つずつ選べ。

① 病原体をそのまま与え，これに対する抵抗力をつけさせる。

② 病原性を弱めた病原体や，弱毒化した毒素タンパク質を与え，これに対する抵抗力をつけさせる。

③ 他の動物にあらかじめ抗体をつくらせ，これを与えて，病原体やその毒素の働きを抑える。

④ 病原体を攻撃する細胞の分裂を促進させることにより，病原体の増殖を妨げる。

⑤ 病原体と対抗する微生物を与えることにより，病原体の増殖を妨げる。

(2) 侵入した病原体の情報を記憶し，病原体が再び侵入したときに急速に強く反応できる免疫記憶の反応は，さまざまな形で医療に応用されている。ヒトのからだで生じるこの反応と直接関連しないものを，次の①〜④のうちから1つ選べ。

① 感染力を無くしたインフルエンザウイルスを体内に取り込ませる予防接種。

② 天然痘の弱毒化したウイルスをワクチンとして接種。

③ 破傷風を治療するための破傷風免疫グロブリンを患者に注射する血清療法。

④ 結核菌のタンパク質を注射し，結核菌に対する免疫の有無を確認する（ツベルクリン反応検査）。

(1997 センター追試，2021 共立女子大改)

▶**54 〈免疫の過敏と低下〉** 次の文章を読み，下の問いに答えよ。

　花粉症は，季節性（　ア　）とよばれる過敏な免疫応答の一種で，花粉に含まれる抗原に対する（　イ　）を常に大量に産生し続けるために，花粉が目や鼻の粘膜に触れるだけで，目のかゆみ，くしゃみ，鼻水などの症状が現れる。（　イ　）は，必要なときに必要な量だけつくり出されるように調節されているが，その調節がうまくいかず，生体にとって不都合な結果が生じる。花粉症は，（　ウ　）反応が過敏に起こる例であるが，逆に，必要な（　イ　）をつくることができない免疫不全症候群という病気もある。この病気になると，_a抗原の排除ができないために，細菌やウイルスに感染しやすくなる。免疫不全症候群には先天的なものもあるが，後天的なものとして，_bあるウイルスの感染が原因で発症するエイズとよばれる病気がある。

(1) 文中の（　）に入る適語を答えよ。

(2) 下線部aのような病原体の感染のしかたを何というか。

(3) 下線部bのウイルスの名称と，このウイルスが感染する細胞の名称をそれぞれ答えよ。

(2006 東邦大改)

▶**53**

(1) 血清療法 _____

　予防接種 _____

(2) _____

▶**54**

(1) ア _____

　イ _____

　ウ _____

(2) _____

(3) ウイルス _____

_____

　感染する細胞 _____

_____

❶ 免疫に関する以下の文章を読み，下の問いに答えよ。

ヒトの体内に侵入した病原体は，自然免疫の細胞と獲得免疫（適応免疫）の細胞が協調して働くことによって，排除される。自然免疫には，食作用を起こすしくみもあり，獲得免疫には，一度感染した病原体の情報を記憶するしくみもある。

図1はウイルスが初めて体内に侵入してから排除されるまでのウイルスの量と，2種類の細胞a，bの働きの強さの変化を表している。

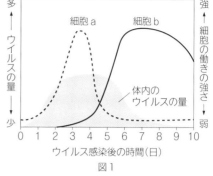
図1

(1) 図1の細胞a，bは，ともにウイルスに感染した細胞を直接攻撃する細胞である。a，bはそれぞれ何という免疫細胞であると考えられるか。

(2) (1)において，そのように判断した理由をそれぞれ答えよ。

細胞a

細胞b

(1)

細胞a

_____

細胞b

_____

(3) 下線部に関連して，以前に抗原を注射されたことがないマウスを用いて，抗原を注射したあと，その抗原に対する抗体の血液中の濃度を調べる実験を行った。1回目に抗原Aを，2回目に抗原Aと抗原Bを注射した。図2は，抗原Aに対する抗体の濃度の変化を示している。図2に，抗原Bに対する抗体の濃度の変化を示せ。

(21 共通テスト本試改)

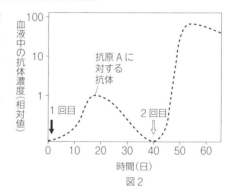
図2

❷ 以下の文章を読み，下の問いに答えよ。

ヒトには，異物の侵入を防いだり侵入した異物を除去したりする生体防御のしくみが備わっている。白血球の仲間の ア 細胞は，体内に侵入した異物に対して イ とよばれるタンパク質をつくり出す。このような異物を ウ という。 イ は ウ に結合して，無毒化する働きをもつ。からだを病原体などから守るこのようなしくみを免疫という。

免疫は，病気の予防や治療に応用されている。例えば，予防接種は，毒性を弱めた病原体や無毒化した毒素を注射することにより， イ 産生細胞となる記憶細胞を増加させて病気を予防する。また，血清療法は，毒素をウマなどの動物に注射して イ を含む エ をあらかじめつくらせておき，それを注射して毒素を中和する。

しかし，免疫応答は，時として過剰な応答が起こる場合や，逆に必要な応答が起こらない場合がある。免疫機能の異常に関連した疾患の例として，(a)アレルギーや(b)後天性免疫不全症候群（エイズ）がある。

(1) 上の文章中の ア ～ エ に入る適語を答えよ。

(2) 下線部(a)に関する記述として**誤っているもの**を，次の①～④から1つ選べ。

① アレルギーの例として，花粉症や関節リウマチがある。

② ハチ毒などが原因で起こる急性のショック(アナフィラキシーショック)は，アレルギーの一種である。

③ アレルギーを引き起こす物質を総称してアレルゲンとよび，ダニやほこり，乳製品などがある。

④ 栄養素を豊富に含む食物でも，アレルギーを引き起こす場合がある。

(1)ア _____
イ _____
ウ _____
エ _____
(2) _____

(3) 下線部(b)について，エイズは HIV というウイルスが病原体となって引き起こされる病気である。HIV に感染すると，他の病原体が侵入してもその病原体を排除したり，感染細胞を排除したりすることができなくなる。このような現象が起こる理由を，それぞれ簡潔に説明せよ。

病原体を排除できない理由

感染細胞を排除できない理由

(05 センター追試・15 センター追試改)

❸ 以下の文章を読み，下の問いに答えよ。

遺伝子組成の異なる 3 つの系統 A, B, C のマウスを用いて，実験を行った。同じ系統では個体の遺伝子組成は同じである。なお，各個体は系統を示す A, B, C に数字を付して表すこととする。また，特に記載がない個体は，皮膚等の移植の経歴はないものとする。

実験1 同じ系統の個体から移植された皮膚片は，生着し続けた。

実験2 A1 に B1 の皮膚を移植したところ，皮膚片は 12 日後に脱落した。脱落を認めた日に，この A1 に，B2 と C1 の皮膚を別々の部域に移植した。

実験3 A2 に B3 の皮膚を移植し，12 日後に A2 から血液とリンパ節を採取し，血清とリンパ球を分離，調整した。

A3 に B4 の皮膚を移植し，同時に A2 から調整した血清を静脈から注射した。また，A4 に B5 の皮膚を移植し，同時に A2 から調整したリンパ球を静脈から注射した。

(1) I _____
II _____
III _____
IV _____
(2)
____, ____, ____

(1) 次の I ～ IV の個体から移植された皮膚片はどのような結果になるか。予測される結果を下の①～③から選べ。

I 実験2の B2   II 実験2の C1   III 実験3の B4   IV 実験3の B5

① 生着し続ける   ② 一次応答反応が起こり，脱落する

③ 二次応答反応が起こり，脱落する。

(2) 実験2の B1 の皮膚片の結果にかかわったと考えられるおもなしくみ，細胞は何か。下の①～⑧から3つ選べ。

① 体液性免疫   ② 細胞性免疫   ③ 血液型

④ 抗体産生細胞   ⑤ 抗原に特異的な免疫記憶   ⑥ 抗原に非特異的な免疫記憶

⑦ キラーT細胞   ⑧ 免疫グロブリンの反応

(16 日本赤十字豊田看護大改)

❶ 淡水にすむ単細胞生物のゾウリムシでは，細胞内は細胞外よりも塩類濃度が高く，細胞膜を通して水が流入する。ゾウリムシは，体内に入った過剰な水を，図1のように収縮胞を拡張・収縮して体外に排出している。ゾウリムシは，細胞外の塩類濃度の違いに応じて，収縮胞が1回あたりに排出する水の量ではなく，収縮する頻度を変えることによって，体内の水の量を一定の範囲に保っている。

ゾウリムシの収縮胞の活動を調べるため，次の実験を行った。予想される結果のグラフとして最も適当なものを，下の①〜⑤のうちから1つ選べ。

実験 ゾウリムシを 0.00％（蒸留水）から 0.20％まで濃度の異なる塩化ナトリウム溶液に入れて，光学顕微鏡で観察した。ゾウリムシはいずれの濃度でも生きており，収縮胞は拡張と収縮を繰り返していた。そこで，1分間あたりに収縮胞が収縮する回数を求めた。
(21 共通テスト本試改)

❶

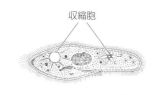

収縮胞

拡張　　　　　収縮
水が集まる⟸⟹水を排出する
注：矢印（➡）は水の動きを示す。
図1

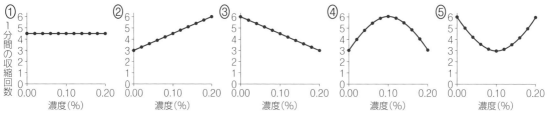

❷ 以下の文章を読み，下の問いに答えよ。

ヒトは食事をすると，グルコースが血液中に取り込まれ，血糖濃度が上昇する。間脳の視床下部などが，血糖濃度の上昇を感知すると，すい臓のランゲルハンス島に指令を出し，インスリンの分泌を促進する。インスリンやさまざまなホルモンなどによって，(a)血糖濃度は調節される。血糖濃度を下げるしくみが働かないと，常に高い血糖濃度となる。この病気を糖尿病という。糖尿病は大きく次の2つに分けられる。1つは，Ⅰ型糖尿病とよばれ，インスリンを分泌する細胞が破壊されて，インスリンがほとんど分泌されない。もう1つは，Ⅱ型糖尿病とよばれ，インスリンの分泌量が減少したり，標的細胞へのインスリンの作用が低下する場合で，生活習慣病の1つである。

❷

(1) _____

(2) _____ ，

(1) 下線部(a)に関する記述として**誤っているもの**を，次の①〜④のうちから1つ選べ。

① インスリンは，細胞へのグルコースの取り込みを促進する。

② グルカゴンは，肝臓の細胞に作用して，血糖濃度を上昇させる。

③ アドレナリンは，グルコースの分解を促進し，血糖濃度を上昇させる。

④ 糖質コルチコイドは，タンパク質からグルコースの合成を促進し，血糖濃度を増加させる。

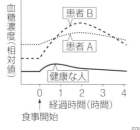

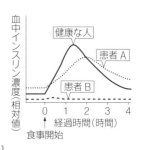

図1

(2) 健康なヒト, 糖尿病患者 A, B における, 食事開始前後の血糖濃度と血中インスリン濃度の時間変化を図1に示した。図1から導かれる記述として適当なものを, 下の①〜⑥から2つ選べ。

① 健康な人では, 食事開始から2時間の時点で, 血中インスリン濃度は食事開始前に比べて高く, 血糖濃度は食事開始前の値に近づく。

② 健康な人では, 血糖濃度が上昇すると血中インスリン濃度は低下する。

③ 患者 A における食事開始後の血中インスリン濃度は, 健康な人の食事開始後の血中インスリン濃度と比較して急激に上昇する。

④ 患者 A は, 血糖濃度と血中インスリン濃度の推移から判断して, Ⅱ型糖尿病と考えられる。

⑤ 患者 B では, 食事開始後に血糖濃度の上昇がみられないため, インスリンが分泌されないと考えられる。

⑥ 患者 B は, 食事開始から2時間の時点での血糖濃度は高いが, 食事開始から4時間の時点では低下して, 健康な人の血糖濃度よりも低くなる。

(19 センター追試改)

❸ 獲得免疫に関する次の各問いに答えよ。

(1) 細胞性免疫に関連して, 次の文章中の ア 〜 ウ に入る語として適当なもの下の①〜⑥のうちから1つ選べ。

体内に侵入した抗原は, 図1に示すように, 免疫細胞 P に取り込まれて分解される。免疫細胞 Q および R は抗原の情報を受け取り活性化し, 免疫細胞 Q は別の免疫細胞 S の食作用を刺激して病原体を排除し, 免疫細胞 R は感染細胞を直接排除する。免疫細胞の一部は記憶細胞となり, 再び同じ抗原が体内に侵入すると急速で強い免疫応答が起きる。免疫細胞 P は ア であり, 免疫細胞 Q は イ である。免疫細胞 P 〜 S のうち, 記憶細胞になるのは ウ である。

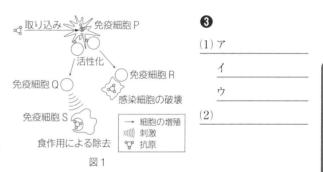
図1

① マクロファージ　② 樹状細胞　③ キラー T 細胞
④ ヘルパー T 細胞　⑤ P と S　⑥ Q と R

(2) 体液性免疫に関連して, 抗体の産生に至る免疫細胞間の相互作用を調べるために, 次の実験を行った。実験の結果の説明として最も適当なものを, 下の①〜⑤のうちから1つ選べ。

実験 マウスからリンパ球を採取し, その一部を B 細胞および B 細胞を除いたリンパ球に分離した。これ

培養の条件	抗体産生細胞数(相対値) 0 20 40 60 80 100
B 細胞を除く前のリンパ球のみ	
B 細胞を除く前のリンパ球と抗原	
B 細胞と抗原	
B 細胞を除いたリンパ球と抗原	
B 細胞を除いたリンパ球, 抗原および B 細胞	

図2

らと抗原とを図2の培養の条件のように組み合わせて, それぞれに抗原提示細胞を加えたあと, 含まれるリンパ球の数が同じになるようにして, 培養した。4日後に細胞を回収し, 抗原に結合する抗体を産生している細胞の数を数えたところ, 図2の結果が得られた。

① B 細胞は, 抗原が存在しなくても抗体産生細胞に分化する。

② B 細胞の抗体産生細胞への分化には, B 細胞以外のリンパ球は関与しない。

③ B 細胞を除いたリンパ球には, 抗体産生細胞に分化する細胞が含まれる。

④ B 細胞を除いたリンパ球には, B 細胞を抗体産生細胞に分化させる細胞が含まれる。

⑤ B 細胞を除いたリンパ球には, B 細胞が抗体産生細胞に分化するのを妨げる細胞が含まれる。

(20 センター本試改)

右段メモ欄:
❸
(1) ア _____
イ _____
ウ _____
(2) _____

23 植生とその変化①

1 植生

植生…ある場所に生育している植物の集まり。

相観…外側から見た植生の様相。植生は相観によって
森林, **草原**, **荒原**に区分される。

優占種…植生を構成する種のうち, 最も広い空間を占
めている植物。

2 森林の構造

森林の内部は, 樹木の枝や葉が層状に分布している。
このような構造を**階層構造**という。林内に上から照射
する光の強さは, 高木層より下で急激に減少する。

●森林の階層構造と林内の光の強さ（照葉樹林）

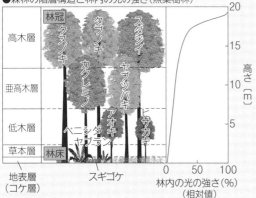

3 光合成と呼吸

植物は昼間, 光合成と呼吸を同時に行っている。つ
まり, 昼間は光合成で CO_2 を吸収し, 呼吸で CO_2 を
放出している。また, 夜間や暗黒条件下では, 呼吸の
み行われている。

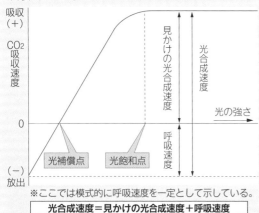

※ここでは模式的に呼吸速度を一定として示している。

光合成速度＝見かけの光合成速度＋呼吸速度

光補償点…CO_2 吸収速度が見かけ上 0 となる光の強
さ。呼吸速度＝光合成速度

光飽和点…光の強さが増しても, CO_2 吸収速度がそ
れ以上増加しなくなるときの光の強さ。

- □(1) ある場所に生育する植物の
集団をまとめて何とよぶか。

- □(2) 外側から見た(1)の様相を
何というか。

- □(3) (1)を構成する種のうち, 個体
数や被度（地表をおおう面積）が
最も大きいものを何というか。

- □(4) 植生は相観によって大きく
3つに分けることができる。
それぞれ何か答えよ。

- □(5) 発達した森林に見られる高
さに応じた層状の構造を何と
いうか。

- □(6) よく発達した森林における
(5)の各層のうち, 優占種が
多くの葉を展開している層の
名称を答えよ。

- □(7) 森林の階層構造が発達する
ために最も重要となる環境要
因は何か。

- □(8) 森林の最上部の葉や枝が込
み合った部分を何というか。

- □(9) 森林の地表付近は, 最上部
に対して何とよばれるか。

- □(10) 光合成による, 単位時間あ
たりの CO_2 吸収速度を何と
いうか。

- □(11) 呼吸速度は, 暗黒条件下で
の何の放出速度で表されるか。

- □(12) 光合成速度と呼吸速度がつ
りあい, 見かけの光合成速度
が0となったときの光の強さ
を何というか。

- □(13) 光の強さが増しても, 光合
成速度がそれ以上増加しなく
なるときの光の強さを何とい
うか。

- □(14) 光合成による CO_2 の吸収
速度と呼吸による CO_2 の放
出速度の差を何というか。

EXERCISE

▶55 〈森林の階層構造〉

図は，関東地方の平野部にお
ける発達した森林の構造を模式
的に示したものである。この図
について，次の問いに答えよ。

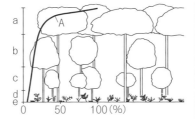

(1) 図ではさまざまな高さの植
物が生育しており，垂直方向にいくつかの層が見られる。この構
造を何というか。

(2) 曲線Aは縦軸を各層の高さとしたときの，あるものの変化を
示している。横軸は何を表したものか。

(3) a～eの各層の名称をそれぞれ答えよ。

(4) a～eの各層に見られる代表的な植物を，次の中からそれぞれ
1つずつ選べ。

① ヤブラン　　② メヒルギ　　③ エゾマツ　　④ ヤブツバキ

⑤ コスギゴケ　⑥ ヒサカキ　　⑦ スダジイ　　⑧ ヘゴ

(5) 森林の最上部にある葉と枝が集まった部分を何というか。

(6) 図のa～eのような構造(区分)が発達しているのは，自然林と人
工林のどちらか。

▶56 〈光の強さと光合成〉

図は，ある陽生植物におけ
る光の強さと二酸化炭素吸収
速度の関係を示したものであ
る。次の問いに答えよ。

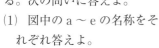

(1) 図中のa～eの名称をそ
れぞれ答えよ。

(2) 図中のcとdについて
説明した次の文章中の( )に入る適語を答えよ。

図のdは，温度が一定で暗黒条件下での(ア)による(イ)
の放出量を表している。cは，eからdを差し引いたもので，cが
(ウ)ほど植物は成長しやすい。

(3) 図中のi～vの光の強さでは，光合成速度と呼吸速度はどのよ
うな関係になっているか。最も適当なものを次の中からそれぞれ
選べ。

① 光合成速度＜呼吸速度　　② 光合成速度＝呼吸速度

③ 光合成速度＞呼吸速度

▶55

(1)

(2)

(3) a

　　b

　　c

　　d

　　e

(4) a　　　　b

　　c　　　　d

　　e

(5)

(6)

▶56

(1) a

　　b

　　c

　　d

　　e

(2) ア

　　イ

　　ウ

(3) i　　　　ii

　　iii　　　　iv

　　v

24 植生とその変化②

1 陽生植物と陰生植物

陽生植物…光補償点と光飽和点が高い。日なたでよく
成長し，日陰では生育できない。

  例 セイヨウタンポポ，アカマツ，ヒマワリ

陰生植物…光補償点と光飽和点が低い。日陰でもある
程度生育できる。

  例 ベニシダ，アオキ

●陽生植物と陰生植物の光合成速度

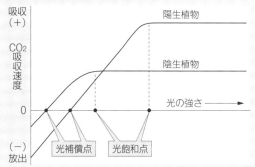

2 土壌

 土壌は，岩石が風化してできた細かい粒子と，植物
の枯死体や動物の排出物が微生物により分解されてで
きた有機物(腐植)から形成される。

団粒構造…発達した土壌
に存在する，すきまの多
い団子状の構造。保水性
が高く，通気性がよい。

 森林の土壌は，地表から
順に，落葉層，団粒構造がみられる腐植土層，風化し
た岩石の層，岩石の層からなる。

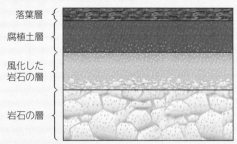

草原…森林に比べ落葉・落枝が少ないため，森林より
落葉層や腐植土層が薄い。

砂漠(荒原)…生育している植物が少ないため，有機物
に富んだ土壌はほとんど形成されない。

ポイントチェック

□(1) 強光条件下で光合成速度が
増し，日なたでよく生育する
植物を何というか。

□(2) (1)にはどのような植物が
あるか。例を1つあげよ。

□(3) 比較的弱い光の下でも成長
し，林床などの日陰で生育で
きる植物を何というか。

□(4) (3)にはどのような植物が
あるか。例を1つあげよ。

□(5) (3)と比べると，(1)の光補
償点は高いか，低いか。

□(6) (3)と比べると，(1)の光飽
和点は高いか，低いか。

□(7) 発達した土壌にみられる，
すきまの多い団子状の構造を
何というか。

□(8) 土壌を形成する，植物の落
葉などが微生物により分解さ
れてできた有機物を何という
か。

□(9) 森林の土壌において，落葉・
落枝が堆積してできた層を何
というか。

□(10) 森林の土壌において，落葉・
落枝や動物の遺体などが分解
されてできた有機物に富んだ
層を何というか。

□(11) 草原と森林では，どちらの
土壌が発達しているか。

□(12) 荒原の砂漠で，有機物に富
んだ土壌が形成されないのは
なぜか。

EXERCISE

▶**57 〈植物と光合成〉**

　図は，植物Aと植物B
における光の強さとCO₂
吸収速度の変化を調べたも
のである。この図について，
次の問いに答えよ。

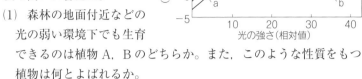

(1) 森林の地面付近などの
　光の弱い環境下でも生育
　できるのは植物A，Bのどちらか。また，このような性質をもつ
　植物は何とよばれるか。

(2) (1)とは異なり，日なたでよく生育するのは植物A，Bのどち
　らか。また，このような性質をもつ植物は何とよばれるか。

(3) 植物Aと植物Bを説明した次の文章のうち，正しいものを1
　つ選べ。

　① 植物Aの葉は，光の強さがaより弱いときはCO₂を放出し
　　ない。

　② 植物Bの葉は，光の強さがbのときはCO₂を吸収しない。

　③ 植物Aの葉では，光の強さとCO₂吸収速度が，正比例の関
　　係にある。

　④ 植物Bの葉では，光の強さとCO₂放出速度が，反比例の関
　　係にある。

　⑤ 植物Aの葉では，光の強さがbのとき，CO₂放出速度が
　　CO₂吸収速度を上回る。

　⑥ 植物Bの葉では，光の強さがaのとき，CO₂吸収速度が
　　CO₂放出速度を上回る。

　⑦ 植物Aの葉は，植物Bの葉よりCO₂吸収速度が常に大きい。

　　　　　　　　　　　　　　　　　　　　　　（2019 センター本試改）

▶**58 〈土壌〉**　次の文章を読み，文中の（　）に入る適語を答えよ。

　土壌とは，（　ア　）作用により岩石が細かくされてできた砂・粘
土などの無機物の粒子と，植物の落葉・落枝や動物の排出物・遺体
などが土壌動物や微生物によって分解されてできた（　イ　）という
有機物から形成される。森林は，土壌の構成要素となる落葉・落枝
などの生物遺体が多いため，有機物に富む層状構造の発達した土壌
を形成しやすい。発達した土壌に見られる，有機物に富み，すき間
の多い団子状の構造を（　ウ　）という。発達した土壌は，植物が土
壌中の水分や養分を吸収することも，土壌中の根が呼吸することに
も都合が良い。草原は，森林ほど落葉・落枝が多くないため，土壌
は森林ほど発達していない。土壌は，生物が非生物に働きかける（
エ　）作用と，母岩の（　ア　）作用などの物理的な作用により，長
い時間をかけて形成されたものである。

▶**57**

(1) 記号 _____

　　名称 _____

(2) 記号 _____

　　名称 _____

(3) _____

▶**58**

ア _____

イ _____

ウ _____

エ _____

4章　生物の多様性と生態系

25 植生の遷移

1 遷移

植生が年月とともに移り変わることを**遷移**という。

一次遷移…火山噴火後の溶岩上などの裸地から始まる遷移。一次遷移はさらに，陸地で始まる**乾性遷移**と，湖沼などから始まる**湿性遷移**にわけられる。

二次遷移…山火事や森林伐採の跡地などで，もとは植生があった場所から始まる遷移。

2 乾性遷移

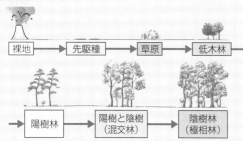

先駆種（パイオニア種）…水分や栄養分の乏しい裸地に，最初に侵入・定着する植物。
　　例 地衣類，コケ植物，イタドリ，ススキ

陽樹…強い光の下で速く生育する樹木。陽樹は低木林に侵入して成長し，優占種となる。例 アカマツ，コナラ

陰樹…幼木の耐陰性が高い樹木。陰樹は陽樹林して成長し，優占種となる。例 スダジイ，タブノキ

極相（クライマックス）…遷移がそれ以上進まず安定な状態のこと。陰樹林の林床では陰樹の幼木が育つので，陰樹林はそのまま維持される。

3 湿性遷移

土砂などが堆積してしだいに浅くなり，沈水植物が侵入する。

湖沼に浮葉植物や抽水植物が生える。

湿原から草原へと移り変わる。

4 二次遷移

二次遷移は，大きな山火事の跡地など，すでに土壌があり，種子や地下茎などが残っている場合の遷移をさすので，遷移の進行速度は一次遷移より速い。

5 ギャップ

台風や枯死などで高木が倒れて生じた林床に，光が届く空間を**ギャップ**という。ギャップができると，そこで二次遷移が起こり陰樹の幼木の生育や陽樹の種子の発芽が促進され，樹木が入れ替わる。

ポイントチェック

□(1)　長い年月を経て植生がしだいに変化することを何というか。

□(2)　火山噴火の跡地など，種子や土壌がない状態から始まる(1)を何というか。

□(3)　(2)のうち，陸地で始まるものを何というか。

□(4)　(2)のうち，湖沼などで始まるものを何というか。

□(5)　伐採や山火事などの跡地で，土壌中に栄養分や種子などが残っている状態から始まる(1)を何というか。

□(6)　水分や栄養分に乏しい裸地に，最初に侵入・定着する植物を何というか。

□(7)　(6)として代表的な植物を1つ答えよ。

□(8)　(1)の最終段階で，植生が安定した状態を何というか。

□(9)　ある(2)の過程を表した次のフローの，A～Dに入る適語を答えよ。

　　　A 遷移
　　　裸地 → 先駆種の荒原 →
　　　　B → 低木林 → C
　　　→ 混交林 → D (極相)

　　　A _____
　　　B _____
　　　C _____
　　　D _____

□(10)　(9)のCからDに変化する際に，最も重要となる環境要因は何か。

□(11)　弱い光の環境では生育できない樹木のことを何というか。

□(12)　幼木のときに弱い光の環境でも生育できる樹木のことを何というか。

□(13)　台風で木が倒れるなどして森林が部分的に破壊され，林内に光が射し込むようになった場所を何というか。

EXERCISE

▶**59〈植生の遷移〉** 次の文章を読み，下の問いに答えよ。

　長い年月をかけて植生が移り変わることを遷移という。遷移には，溶岩台地や新しくできた湖など，（　ア　）が形成されていない場所から始まる（　イ　）遷移と，山火事や森林伐採の跡地などから始まる（　ウ　）遷移がある。

　（　イ　）遷移のうち，溶岩台地など陸地から始まるものは（　エ　）遷移，湖沼などから始まるものは（　オ　）遷移とよばれる。（　エ　）遷移の初期には，菌類と（　カ　）の共生体である（　キ　）やコケ植物が岩などの上に定着することが多い。しだいにほかの植物が生育しやすい条件が整ってくると，_a草本植物が侵入・定着し草原になる。その後，周囲から_b低木や成長の速い（　ク　）が侵入して，やがて_c（　ク　）林ができる。林床が暗くなると，（　ク　）の芽生えは生育できなくなり，かわって（　ケ　）が林内に侵入してくる。こうして_d新たにできた（　ケ　）林の林床はさらに暗くなり，林内には（　ケ　）の芽生えやシダ植物などの陰生植物しか生育できず，この状態が長い間安定して続く。この安定した状態を（　コ　）という。

(1) 文中の（　）に入る適語を答えよ。
(2) 文中の下線部 a ～ d の植生に見られる植物の名称を次の中から 2 つずつ選べ。
　① スダジイ　② ススキ　③ アカマツ　④ ヌルデ
　⑤ タブノキ　⑥ コナラ　⑦ ヤシャブシ　⑧ イタドリ

▶**60〈一次遷移と二次遷移〉**

　図は溶岩流出跡地に見られる植生の遷移を，時間の経過に応じた植生の高さで表したものである。次の問いに答えよ。

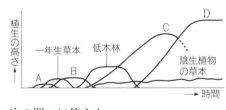

(1) 図中の A ～ D の植生として最も適当なものを，次の中からそれぞれ選べ。
　① 陰樹　② 多年生草本　③ 陽樹　④ 地衣類・コケ植物
(2) このような植生の遷移は一次遷移か二次遷移か。
(3) 一年生草本の草原が見られる遷移初期の植物と，植生 D が見られる遷移後期の植物は，それぞれ異なる特徴をもつ。遷移初期，後期に現れる植物の特徴をそれぞれ 3 つずつ選べ。
　① 種子の散布距離が短い　② 種子の生産数が少ない
　③ 種子が小さい　④ 暗い場所での耐性が弱い
　⑤ 貧栄養への耐性が強い　⑥ 寿命が長い
(4) 一次遷移と二次遷移とでは進行の速度が異なる。これには初期の状態に見られる違いが関係している。一次遷移の初期にはなく，二次遷移の初期にあるものを 2 つ答えよ。

▶**59**
(1) ア
　イ
　ウ
　エ
　オ
　カ
　キ
　ク
　ケ
　コ
(2) a　　　　　，
　b　　　　　，
　c　　　　　，
　d　　　　　，

▶**60**
(1) A　　　　　B
　C　　　　　D
(2)
(3)
初期　　　　，　　，
後期　　　　，　　，
(4)

■1 気候とバイオームの分布

一定の相観をもつ植生と，そこに生息するすべての生物の集団を**バイオーム（生物群系）**といい，バイオームは**気温（年平均気温）**と**降水量（年降水量）**で決まる。

区分		気候の特徴	おもな植物
森林	熱帯多雨林 亜熱帯多雨林	高温，多雨	フタバガキ，つる植物，着生植物
	雨緑樹林	高温，雨季・乾季	チーク，コクタン
	照葉樹林	暖温帯	スダジイ，タブノキ
	硬葉樹林	暖温帯，夏乾燥	オリーブ，コルクガシ，ユーカリ
	夏緑樹林	冷温帯	ブナ，ミズナラ
	針葉樹林	亜寒帯	カラマツ，トドマツ
草原	サバンナ	亜熱帯，少雨	イネ科植物，アカシア
	ステップ	温帯，少雨	イネ科植物
荒原	砂漠	乾燥	サボテン類，トウダイグサ類
	ツンドラ	寒帯，少雨	コケ植物，地衣類

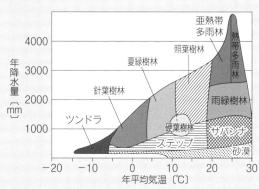

■2 日本のバイオームの特徴

緯度に対応した水平方向のバイオームの分布を**水平分布**といい，標高に対応した垂直方向のバイオームの分布を**垂直分布**という。

●日本のバイオームの水平分布

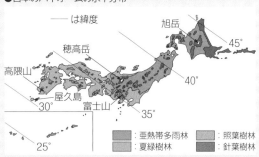

──は緯度

旭岳
穂高岳
高隈山
屋久島
富士山

45°
40°
35°
30°
25°

■：亜熱帯多雨林　□：照葉樹林
□：夏緑樹林　■：針葉樹林

●中部地方の垂直分布

森林限界…森林形成の上限

		気候	バイオーム
高山帯	2400m	寒帯	高山草原（お花畑）
亜高山帯	1500m	亜寒帯	針葉樹林
山地帯	600m	冷温帯	夏緑樹林
丘陵帯	0m	暖温帯	照葉樹林

□(1) 一定の特徴をもつ植生と，そこに生息するすべての生物の集団を何というか。

□(2) 世界各地の植生の分布は，おもにどのような環境要因によって決定されるか。2つ答えよ。

□(3) 熱帯地方で，降水量が多く，面積あたりの植物種が多いバイオームを何というか。

□(4) 日本の東北地方などの冷温帯で，ブナやカエデが生育するバイオームを何というか。

□(5) 亜寒帯地方で，カラマツやトドマツが優占するバイオームを何というか。

□(6) 熱帯〜亜熱帯の乾燥地に分布し，イネ科植物が優占するバイオームを何というか。

□(7) 寒帯の降水量の少ない地域で，コケ植物や地衣類が生育するバイオームを何というか。

□(8) 緯度に対応した水平方向のバイオームの分布を何というか。

□(9) 沖縄などの亜熱帯に分布する，ガジュマルやヘゴが生育するバイオームを何というか。

□(10) 関東地方〜九州地方の低地の暖温帯に分布し，スダジイやタブノキが生育するバイオームを何というか。

□(11) 標高に対応した垂直方向のバイオームの分布を何というか。

□(12) 中部地方に見られるバイオームを，標高の低い方から順に3つ答えよ。

□(13) 標高が高く，気温が低い場所では森林が維持できない。森林形成の上限の標高を何というか。

EXERCISE

▶**61 〈世界のバイオーム〉** 図は，ある２つの環境要因と陸上のバイオームの分布の関係を示したものである。次の問いに答えよ。

(1) 図の横軸と縦軸は，それぞれ何を示しているか。

(2) 図のア～サから，森林，草原，荒原に相当するものをそれぞれすべて選べ。

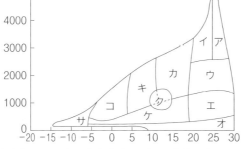

(3) 次の a ～ f のバイオームは，それぞれ図のア～サのうちどれにあてはまるか。
a　ステップ　　　　b　照葉樹林　　　　c　ツンドラ
d　針葉樹林　　　　e　夏緑樹林　　　　f　雨緑樹林

(4) 上の a ～ f のバイオームで見られる代表的な植物を，次の中から１つずつ選べ。
① イネ科植物・アカシア　　② オリーブ　　③ ブナ
④ スダジイ　　⑤ チーク　　⑥ 多肉植物
⑦ フタバガキ　　⑧ カラマツ　　⑨ コケ植物・地衣類

▶**62 〈世界と日本のバイオーム〉** バイオームに関する次の文章を読み，下の問いに答えよ。

　地球上には（　ア　）と（　イ　）によって決まる，異なるバイオームが見られる。このうち，最も（　ア　）が少ない地域で，低緯度から中緯度にわたりみられるバイオームは（　ウ　）であり，高緯度で見られるバイオームは（　エ　）である。

　（　ア　）が豊富で南北に長い日本列島では，湿地，高山や砂浜などを除いて，気候的に異なるタイプの森林が育ち，平地では南から順に（　オ　）・（　カ　）・（　キ　）・（　ク　）の４つのバイオームが見られる。一方，標高の違いによっても分布の違いが見られる。そのため，同じ緯度でも標高の違いによってバイオームが変化する。

(1) 文中の（　）に入る適語を答えよ。

(2) 文章中の下線部に関連して，このバイオームの分布を何というか。

(3) 文章中の下線部に関連して，次の各文から正しいものをすべて選べ。
① 亜高山帯は北海道に分布し，ブナやミズナラからなる。
② 夏緑樹林，針葉樹林が帯状に分布しているところはそれぞれ高山帯，亜高山帯とよばれる。
③ 夏緑樹林は西日本に広く分布しアラカシやタブノキからなる。
④ 山地帯には低木のハイマツなどの植物が分布する。
⑤ 亜高山帯の上限は森林限界とよばれる。

(19 甲南大改，20 金沢大改)

▶**61**

(1) 横軸

　　縦軸

(2) 森林

　　草原

　　荒原

(3) a　　　　　　b
　　c　　　　　　d
　　e　　　　　　f

(4) a　　　　　　b
　　c　　　　　　d
　　e　　　　　　f

▶**62**

(1) ア
　　イ
　　ウ
　　エ
　　オ
　　カ
　　キ
　　ク

(2)

(3)

4章　生物の多様性と生態系

❶ 次の(ア)〜(ケ)の語句や文は，それぞれ森林(A)，草原(B)，荒原(C)のどの
植生の相観に関連が深いか。(A)(B)(C)に分け，記号で答えよ。

(A)＿＿＿＿＿＿＿＿

(B)＿＿＿＿＿＿＿＿

(C)＿＿＿＿＿＿＿＿

(ア) ステップ　(イ) サバンナ　(ウ) ツンドラ

(エ) 砂漠　　　(オ) 熱帯雨林

(カ) 気温が極端に低く，低温に適した草本植物やコケ植物，地衣類，高さが低い木本植物がまば
らに生活する植生。

(キ) おもにイネの仲間の草本類からなり，アカシアなどの少数の樹木が点在することもある。

(ク) 幹や根が発達する木本植物が優占する植生。

(ケ) 気温が高く，降水量が極端に少なく，乾燥に強いサボテンなどがまばらに生活する。

❷ ラウンケルは，生活に不適な低温や乾燥の時期の休眠芽の位置に着目して，
植物の生活形を図のように分類した。図で，赤く塗りつぶしてある部分が，
休眠芽の位置である。次の各問いに答えよ。

(1)＿＿＿＿＿＿＿

(i)＿＿＿＿＿＿＿

(ii)＿＿＿＿＿＿＿

(iii)＿＿＿＿＿＿＿

(iv)＿＿＿＿＿＿＿

(v)＿＿＿＿＿＿＿

(vi)＿＿＿＿＿＿＿

(1) 図の(i)〜(vi)のそれぞれにあてはまる植物を，次の①〜⑫から2つずつ選
べ。

①　ブナ　　　②　ヤブコウジ　③　タンポポ　④　ヨシ

⑤　ブタクサ　⑥　ヤマユリ　　⑦　ススキ　　⑧　ヒツジグサ

⑨　ヤブツバキ　⑩　メヒシバ　　⑪　コケモモ　⑫　カタクリ

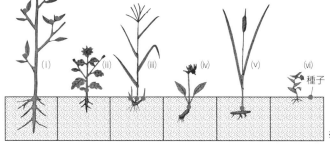

※(v)は水生植物。

(2) 寒帯など寒冷地では(iii)の割合が，砂漠などの乾燥地では(vi)の割合が高いが，その理由を簡単に
説明せよ。

❸ 植生の遷移と垂直分布に関する次の文章を読み，下の
各問いに答えよ。

北海道の新千歳空港の近くにある樽前山は，標高700m
の登山口からしばらく登ると，森林が途切れて森林限界
になる。森林限界付近まで生えている樹木の優占種は
(a)ミヤマハンノキやダケカンバである。森林限界から上
に登るとともに，植生はまばらになり，(b)土壌が未発達
の裸地が目立つようになる。岩石や火山灰で滑りやすい

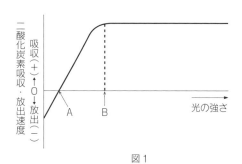

図1

登山道をさらに進むと，やがて火山活動で生じた窪地(カルデラ)の縁(外輪山)の上の標高965m地点
に達する。標高1022mの外輪山の山頂は，ここからもうすぐである。

(1) 文中の下線部(a)で示した種のように，日なたでの生育に適した植物を陽生植物という。図1は陽生植物の光－光合成曲線を示した模式図である。図1のAおよびBにおける光の強さをそれぞれ何というか，答えよ。

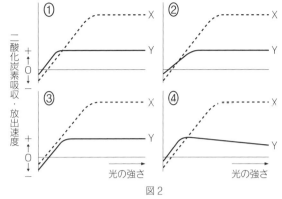

図2

(1)A　　　　　　　　　B

(2) 一般に，日なたでは陽生植物の方が光をめぐる競争で有利だが，日かげでは陰生植物の方が生存に有利である。図2に示した陽生植物(X)と陰生植物(Y)の光－光合成曲線の組み合わせのうち，適切なものを①〜④からすべて選び，選んだ理由を述べよ。

(2)

理由：

(3) 下線部(b)について，森林限界より上で土壌が未発達である理由に関して適切な記述を①〜④からすべて選び，記号で答えよ。
　① 登山道の外も岩石や火山灰だらけなので，土壌が未発達なのは登山者の踏みつけ以外が原因である。
　② 土壌の材料となる岩石や火山灰の風化が起こらず，土壌が形成されない。
　③ 植物がまばらにしか生えていないので，土壌の材料となる落葉がほとんど供給されない。
　④ 気温が低いことで落葉が速やかに分解されるため，腐植層(腐植土層)が形成されない。

(3)
(4)
(5)
エ
オ
(6)

(4) 次の文中の　ウ　に入る適語を答えよ。
　植生がある方向性をもって変化することを遷移という。遷移には大きく分けて　ア　遷移と　イ　遷移があるが，過去に火山活動が盛んであった樽前山の森林限界より上で起こっているのは　ウ　遷移である。

(5) 次の文中の　エ　と　オ　に入る適語を答えよ。
　樽前山の森林限界が標高700 m程度と低いのは火山活動の影響であり，気候が原因ではない。月平均気温が5℃を越える月について，月平均気温から5を引いた数値を求め，それを足し合わせたものを「暖かさの指数」という。北海道には，暖かさの指数が45〜85の冷温帯に成立する　エ　樹林と，暖かさの指数が15〜45の亜寒帯に成立する　オ　樹林が存在するとされる。

(6) 表1に示す新千歳空港(標高22 m)の月平均気温(℃)から樽前山の外輪山における暖かさの指数を計算し，四捨五入して整数で答えよ。ただし，どの月においても標高が100 m上がるごとに気温は0.55℃低下するものとする。また，火山活動は気温に影響を及ぼさないものとする。

表1

	1月	2月	3月	4月	5月	6月	7月	8月	9月	10月	11月	12月
	−5.7	−5.4	−0.7	5.1	10.6	15.2	18.1	20.8	17.0	10.5	4.0	−2.7

27 生態系と生物の多様性

1 生態系 🦴

生態系…ある地域のすべての生物と、それを取り巻く非生物的環境(光、水、空気など)を１つのまとまりとしてとらえたもの。

環境形成作用…生物が非生物的環境に影響を与えること。

作用…非生物的環境が生物に影響を与えること。

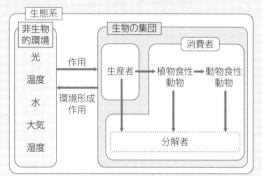

生産者…光合成などにより、無機物から有機物を合成する植物などの生物。

消費者…生産者がつくった有機物を利用して生活する生物。生産者を食べる生物を一次消費者(植物食性動物)、一次消費者を食べる生物を二次消費者とよぶ。消費者のうち、動植物の遺体などを無機物に分解する働きをもつ菌類・細菌を**分解者**という。

2 生物多様性

多様な生物が存在することを**生物多様性**という。多数の生物種が存在することを種の多様性といい、種の多様性は、それぞれの種の個体数のかたよりの少なさでも評価される。

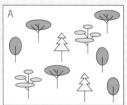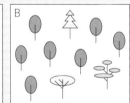

種ごとの個体数のかたよりが少ないAの方が多様である。

発展 **遺伝的多様性**…同じ種でも、個体や地域によってもっている遺伝子が違い、多様であること。

発展 **生態系多様性**…生態系のつくりの多様さとさまざまな生態系が存在すること。

ポイントチェック

□(1) ある地域に生息するすべての生物と、それを取り巻く非生物的環境のまとまりを何というか。

□(2) 生物を取り巻く、生物以外の要素からなる環境を何というか。

□(3) (2)を３つあげよ。

□(4) 森林内では強風がさえぎられ、落葉の蓄積で養分の多い土壌が形成される。このような、生物の働きかけにより環境が変わることを何というか。

□(5) (2)が生物に影響を与えることを何というか。

□(6) 生物体を構成する、炭素を含んだ複雑な化合物を何というか。

□(7) 光合成などによって無機物から(6)を合成する生物を、生態系の役割から何というか。

□(8) (7)が合成した(6)を利用して生活する生物を、生態系の役割から何というか。

□(9) (8)のうち、菌類や細菌のような、有機物を無機物に分解する過程にかかわる生物を特に何というか。

□(10) 多様な生物が存在することを何というか。

□(11) 種の多様性は、多くの種が存在すること以外に、何によって評価されるか。

▶**63〈生態系〉** 次の文章を読み，文中の（　）に入る適語を答えよ。

　ある地域にすむすべての生物と，それを取り巻く（　ア　）を合わせたまとまりを生態系という。生態系を構成する生物は，その働きによって生産者と（　イ　）に分けられる。生産者は，（　ウ　）エネルギーを利用し，（　エ　）によって二酸化炭素と（　オ　）から有機物をつくり出すことができる。これに対して（　イ　）は，生産者がつくった有機物を利用して生活している。（　イ　）の中で，ほかの生物の遺体や排泄物を無機物へと分解して生活している菌類・細菌を（　カ　）という。

　生態系は，陸上生態系と水界生態系に大別されるが，それぞれの生態系は生物や物質の移動を通してつながっている。陸上生態系のおもな生産者は（　キ　）であり，年平均気温と年降水量の関係によって植生が決定する。水界生態系には，海洋，湖沼，河川などがあり，おもな生産者は（　ク　）である。

▶**64〈生物的環境〉**　次の文章を読み，下の問いに答えよ。

　自然界のある地域で生活するすべての生物と，それを取り巻く，光，水，土壌などの（　ア　）をまとめたものを（　イ　）という。（　イ　）を構成している生物は，大きく生産者と消費者に分けられ，各生物種は捕食被食関係で連続的につながっている。

(1) 文中の（　）に入る適語を答えよ。

(2) 下の生物のうち，生産者にあてはまるものを2つ選べ。

　① アメーバ　　　② ゾウリムシ　　　③ ミドリムシ
　④ 酵母　　　　　⑤ アオカビ　　　　⑥ ボルボックス

(3) 生産者と消費者に関する記述として誤っているものを，次の①〜④のうちから1つ選べ。

　① 生産者は，光合成などによって有機物を合成する。
　② 生産者は，光合成を行うが呼吸をしない。
　③ 消費者は，呼吸によって生存や繁殖に必要なエネルギーを得る。
　④ 消費者は，生産者が合成した有機物を取り込んで栄養源にする。

(4) 植物，植物食性動物，動物食性動物，菌類・細菌について述べた文章として最も適当なものを，次の①〜③のうちから1つ選べ。

　① 菌類・細菌はすべて原核生物である。
　② この中で，消費者は植物食性動物と動物食性動物のみである。
　③ 菌類や細菌は，動植物の遺体や動物の排出物などの有機物を無機物に分解し，空気中や土中に放出する働きをもつ。

（2021 東京農工大，2012 北里大改）

▶**63**

ア＿＿＿＿＿＿
イ＿＿＿＿＿＿
ウ＿＿＿＿＿＿
エ＿＿＿＿＿＿
オ＿＿＿＿＿＿
カ＿＿＿＿＿＿
キ＿＿＿＿＿＿
ク＿＿＿＿＿＿

▶**64**

(1)ア＿＿＿＿＿
　イ＿＿＿＿＿
(2)＿＿＿＿＿＿
(3)＿＿＿＿＿＿
(4)＿＿＿＿＿＿

4章　生物の多様性と生態系

1 生物間の関係

捕食…ある動物食性動物が獲物を食べること。

被食…ある動物が他の動物に食べられること。

食物連鎖…生物間の捕食(食う)－被食(食われる)の関係。実際の生態系では、食物連鎖は複雑な網目状となっており、これを**食物網**という。

栄養段階…食物連鎖を構成する生物の、生産者、一次消費者、二次消費者などの段階。

●食物網の例

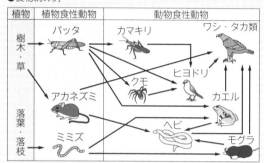

2 生態ピラミッド

各栄養段階の個体数や現存量について、生産者を一番下にして積み上げた図を**生態ピラミッド**という。

●個体数ピラミッド(北米の草原生態系)

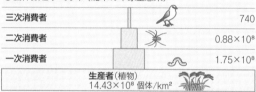

三次消費者		740
二次消費者		0.88×10⁸
一次消費者		1.75×10⁸
生産者(植物) 14.43×10⁸ 個体/km²		

3 間接効果

生態系の食物網は多様な種により構成されるため、捕食－被食の関係にない生物種間でも間接的に影響が及んでいる。これを間接効果という。

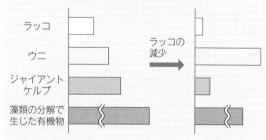

キーストーン種…比較的少ない個体数でも、生態系のバランスや多様性を保つのに重要な役割をはたす上位の捕食者。

ポイントチェック

- □(1) 動物が獲物を食べることを何というか。
- □(2) 生物間の「食う-食われる」の関係において、ほかの生物に食べられる生物を特に何というか。
- □(3) 生物間の「食う-食われる」の関係を直線的につないだものを何というか。
- □(4) 実際の生態系では、(3)は複雑な網目状となっている。このような関係を何というか。
- □(5) 生態系内の、生産者、一次消費者、二次消費者などの各段階を何というか。
- □(6) 生態系内の(5)について、個体数や現存量を生産者から消費者へと積み上げた図を何というか。
- □(7) (6)のうち、生物の個体数を積み重ねたものを特に何というか。
- □(8) 一般に、上位の栄養段階のものほど大型となるが、個体数はどうなるか。
- □(9) (6)のうち、生物体の現存量を積み重ねたものを特に何というか。
- □(10) (3)を通じて起こる、生物種間での間接的な影響を何というか。
- □(11) (10)の例で、個体数が少なくても生物群集のバランスを保つのに重要な役割をはたす、上位の捕食者を何というか。

EXERCISE

▶**65〈食物連鎖〉** 食物連鎖に関する次の文章を読み，下の問いに答えよ。

　ある森林で動植物の調査が行われた。この森林では樹高が20 〜 30 m のブナなどの大木が生い茂り，林冠を形成していた。亜高木層にはイタヤカエデやホオノキ，低木層にはリョウブやミネカエデが生育し，草本層にはチシマザサが密生していた。

(1) この森林で，食われる(被食)→食う(捕食)の関係を調べたところ，次のような食物連鎖の関係が見られた。空欄(ア)〜(ウ)に入る最も適当な生物を，次の①〜⑤から1つずつ選び，記号で答えよ。

ブナ→(ア)→ナナホシテントウ→(イ)→シジュウカラ→(ウ)

① クモ　　　② カエル　　　③ コウモリ
④ クマタカ　⑤ アブラムシ(アリマキ)

(2) 次の文中の( )に入る適語を下の①〜⑤から1つずつ選べ。

　この森林では，毎年樹木の落葉やササの枯れ葉が多量に地面に落ち，堆積する。これらの有機物はミミズや(エ)などに食べられて排泄物として排出された後，あるいは直接，細菌や(オ)などの(カ)の働きによって無機物となり，土壌に混入する。再びブナやササなどの(キ)によって吸収され，有機物になる。

① トビムシ　　② ムカデ　　③ キノコ・カビ
④ 分解者　　　⑤ 生産者

▶**66〈生態ピラミッド〉** 次の文章を読み，下の問いに答えよ。

　生態系内の生物は，その栄養のとり方によって，(ア)を生産する生産者，生産者を食べる一次消費者，一次消費者を食べる二次消費者，二次消費者を食べる三次消費者などに分けられる。このように栄養のとり方によって整理された各段階を(イ)といい，その量的関係を，生産者を一番下にして積み上げると下図のようになる。この図を(ウ)とよび，生物の量を示す単位によっていくつかの種類がある。図1は単位面積あたりの(エ)で示されており，図2は単位面積あたりの(オ)で示されている。

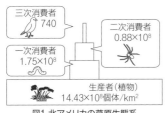

図1 北アメリカの草原生態系

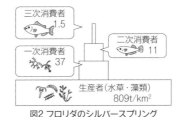

図2 フロリダのシルバースプリング

(1) 文中の( )に入る適語を答えよ。
(2) 一次消費者にあてはまる生物を，次の中からすべて選べ。

① アマガエル　　② タンポポ　　③ アキアカネ
④ モンシロチョウ　⑤ イタチ　　　⑥ ウサギ
⑦ イヌワシ　　　⑧ シマヘビ　　⑨ アブラゼミ

(3) 図2の生態系の場合，300 g の三次消費者が安定して生きていくためには，最低何 kg の生産者が必要であると考えられるか。

▶**65**

(1) ア _____
　　イ _____
　　ウ _____
(2) エ _____
　　オ _____
　　カ _____
　　キ _____

▶**66**

(1) ア _____
　　イ _____
　　ウ _____
　　エ _____
　　オ _____
(2) _____
(3) _____

29 生態系のバランスと保全

1 生態系のバランス

生態系は，ある程度環境が変化してもバランスを回復させる復元力をもっている。しかし，人間生活の影響で，さまざまな問題が生じている。

自然浄化…河川などに流入した汚濁物質が，微生物などの働きで分解され，水質が改善すること。

2 人間生活と環境の変化

大気	地球温暖化	**温室効果ガス**（CO_2，メタンなど）により，地球の平均気温が上昇する現象。 ➡異常気象や海水面の上昇。
	酸性雨	大気中の窒素酸化物や硫黄酸化物が雨水に溶け込むことで，土壌や湖沼が酸性化。 ➡樹木の立ち枯れや魚の死滅。
水質	富栄養化	水中の栄養塩類が増加する現象。過度に進むとプランクトンが大発生し，海水域では**赤潮**が，淡水域では**アオコ**（**水の華**）が発生する。赤潮やアオコによる毒素発生や酸素欠乏で魚介類の死滅などを招く。
	生物濃縮	特定の化学物質が，食物連鎖を通じて生体内に高濃度に蓄積される現象。
植生	森林の破壊	過剰な伐採・焼き畑農業などにより，森林面積が急速に減少。 ➡生物の絶滅，CO_2濃度の上昇。

3 人間生活と生物多様性

絶滅危惧種…絶滅のおそれのある生物種。絶滅の危険度を示した**レッドリスト**が公表されている。

外来生物…本来生息していない場所にもち込まれて定着した生物。日本では外来生物法によって特定外来生物を指定し，飼育や移動などを規制している。

4 生態系の保全

生態系サービス…生態系がもつ機能で，人間生活に利益をもたらすもの。水，食料，大気の浄化力など。

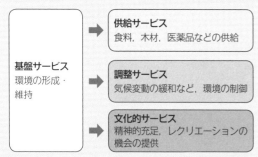

里山…集落に隣接し，雑木林や農地，ため池などが混在した地域。人間が管理することで特有の生態系が維持されている。

環境アセスメント…開発の際に，生態系への影響を調査，予測，評価すること。

ポイントチェック

- □(1) 河川に流入した汚水などが，微生物などの働きで分解され，水質がもとのきれいな状態に戻ることを何というか。
- □(2) 生活排水などにより，水中の栄養塩類が増加する現象を何というか。
- □(3) (2)により，水中の栄養塩類が増加してプランクトンが大発生し，魚介類が死滅する現象を1つ答えよ。
- □(4) 特定の化学物質が，食物連鎖を通じて生体内に高濃度に蓄積される現象を何というか。
- □(5) CO_2やメタンなど，赤外線を吸収して気温を上昇させる気体を何というか。
- □(6) CO_2などの排出量の増加が原因とされる，地球の気温が上昇する現象は何か。
- □(7) 環境破壊や乱獲などにより，絶滅が心配される生物種を何というか。
- □(8) 絶滅の危険度を示した生物のリストを何というか。
- □(9) もともとその地域に生息していた生物を何というか。
- □(10) 本来その地域には生息しておらず，外から移入して定着した生物を何というか。
- □(11) 人間が生態系から受けるさまざまな恩恵のことを何というか。
- □(12) 人間により管理された，雑木林や農地，ため池などが混在した地域を何というか。
- □(13) 開発の際に，生態系への影響をあらかじめ調査，予測，評価することを何というか。

EXERCISE

▶**67 〈大気の変化〉** 次の文章を読み，下の問いに答えよ。

　森林では，（　ア　）エネルギーの最大で1%程度が，生産者によって（　イ　）エネルギーに変換される。（　イ　）エネルギーは，生産者，消費者および分解者に利用される過程を経て，最終的に（　ウ　）エネルギーとなる。（　ウ　）エネルギーは，赤外線となって地球外に放出される。地球温暖化は，<u>大気組成の変化</u>によって地球からエネルギーが放出されにくくなることが原因であると考えられている。

(1) 文章中の（ア）〜（ウ）に入る語の組合せとして最も適当なものを，右表の①〜⑥のうちから1つ選べ。

(2) 文中の下線部に関して，二酸化炭素の変化以外で，地球温暖化の原因となり得るものとして最も適当なものを，次の①〜⑥のうちから2つ選べ。

	ア	イ	ウ
①	化学	光	熱
②	化学	熱	光
③	光	化学	熱
④	光	熱	化学
⑤	熱	光	化学
⑥	熱	化学	光

① メタンの増加　② 酸素の増加　③ 窒素の増加
④ 水蒸気の増加　⑤ フロンの減少　⑥ オゾンの減少

▶**68 〈水質の変化〉** 次の文章を読み，（　）に入る適語を答えよ。

　河川や湖沼，海洋に，生活排水などの汚水が流入した場合，汚濁物質は希釈・沈殿し，また（　ア　）によって分解されて減少する。この働きを（　イ　）という。しかし，多くの汚水が流入すると，窒素やリンなどの栄養塩が増加して（　ウ　）が進む。（　ウ　）が過度に進むと，プランクトンの大発生により，河川や湖沼では（　エ　），海洋では（　オ　）が発生し，プランクトンの出す毒素や水中の（　カ　）の極端な減少によって，魚介類の死滅，悪臭の発生が起こる。

▶**69 〈生物多様性〉** 次の文章を読み，下の問いに答えよ。

　人間生活による環境破壊や乱獲によって，絶滅の危機にある生物を（　ア　）という。生物の種が絶滅することは，生物の多様性を低下させ，生態系のバランスを崩す要因にもなる。

　もともと生息していなかった地域に，外から移入して定着した生物を（　イ　）という。（　イ　）は，古くからその地域に生息していた（　ウ　）を，捕食や競争によって駆逐してしまう場合がある。また，近縁な（　ウ　）との交雑により，その地域に固有な遺伝的特性が失われてしまう場合もある。現存する生物種がもつ遺伝情報は，今後生態系や人間生活で重要な役割を担う可能性をもっている。

(1) 文中の（　）に入る適語を答えよ。

(2) 文中の(ア)の生物として適当なものを，次の中から1つ選べ。

① セイヨウタンポポ　② アレチウリ　③ オオクチバス
④ ガビチョウ　⑤ アオウミガメ　⑥ ウシガエル

▶**67**

(1)

(2)

▶**68**

ア

イ

ウ

エ

オ

カ

▶**69**

(1)ア

　イ

　ウ

(2)

4章　生物の多様性と生態系

83

❶ 図1は，ヒトを含めた生態系における物質の流れと，ヒトの無機的環境への作用を示した模式図である。下の問に答えよ。

(1) 図1のa〜cにあたる語をそれぞれ答えよ。

(2) 図1で，太い矢印で示した，ヒトから環境への作用のうち，次のⅠ群のヒトの行為が，Ⅱ群の現象を引き起こす原因となっている。Ⅰ群の行為は，それぞれⅡ群の①〜④のうちのどの現象の直接の原因となっているか。

Ⅰ群

ア　水域への大量の生活廃水や工業廃液などの放出

イ　熱帯雨林地域での牧場や農地の造成

ウ　農薬や化学肥料の大量の使用

エ　過剰な放牧や焼き畑農業

Ⅱ群

① 土壌や河川の生物の種組成の変化

② 土地の荒廃

③ 赤潮の発生

④ 地球上の生物の種数の減少

(99 センター本試改)

(1) a ＿＿＿＿＿＿＿

　　b ＿＿＿＿＿＿＿

　　c ＿＿＿＿＿＿＿

(2) ア ＿＿＿＿＿＿＿

　　イ ＿＿＿＿＿＿＿

　　ウ ＿＿＿＿＿＿＿

　　エ ＿＿＿＿＿＿＿

❷ 以下の文章を読み，下の問いに答えよ。

　自然状態で分解の遅い農薬は，食物とともにそれを取り入れた動物の体内に蓄積され，動物の生命にも影響を与えることがある。1970年代まで使われた農薬が土壌中に残り，現在でも動物体内に取り込まれることがある。表は，DDTという農薬が土壌や各種動物の体内に含まれている濃度を測定したものである。また，図は生態系の食う・食われるの関係の一部を表している。

表

土壌および動物	DDT 濃度
土壌	0.8 〜 19
ミミズ	18 〜 24
モグラ	2800 〜 14000
ネズミ	80 〜 110
ウサギ	16
イタチ	5700
タカ	16000

注　DDT 濃度は，土壌中では土壌1gあたり，また動物では脂肪1gあたりに含まれる量（×10億分の1g）

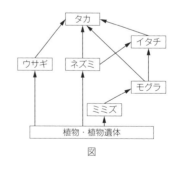

図

(1) 表および図を説明した次の文章①〜③のうち，正しいものには正を，誤っているものには誤と答えよ。

① 農薬のかかった草を食べる植物食性動物は，動物食性動物よりDDTの濃度が高い。

② 主としてミミズを食べるモグラは，ネズミよりもDDTの濃度が高い。

③ DDTを含むさまざまな動物を食べるタカは，DDTの濃度が最も高い。

(2) 図を説明する文として適当でないものを，次の①～⑤のうちから1つ選べ。

① タカの栄養段階は最も高い。
② ネズミとウサギは同じ栄養段階である。
③ イタチはモグラの捕食者である。
④ 植物は生産者である。
⑤ 哺乳類は一次消費者である。

(1) ①
　　　②
　　　③
(2)

（10　センター本試改）

❸ 生態系と生物多様性に関する以下の文章を読み，下の問いに答えよ。

　日本の田舎では，食料を生産する場所である水田，畑，果樹園などのほか，草原，雑木林，スギやヒノキの人工林，鎮守の森，ため池，小川など多様な生態系が広がっている。このような場所を里山とよんでいる。(a)雑木林はコナラやクヌギなどの落葉樹が優占する林であり，薪にしたり炭に焼いたりする目的で，人間がときどき伐採することによって維持されてきた。しかし，(b)最近では管理放棄される雑木林が多く，その影響としてカタクリなどの春植物が減少している。(c)草原は，肥料や牛馬の餌などにするための草を採取する目的で，人間が刈り取ったり火入れをしたりして維持してきた植生である。しかし，草原もまた雑木林と同様に放棄されることが多く，草原を主な生息地としている動植物の絶滅が危惧されている。水田や小川，ため池などの水域は，メダカ，ドジョウ，トンボ，カエルなどの生息環境として重要である。トンボやカエルは，幼虫や幼生の時期には水田やため池，小川などの水域で生活しているが，成長すると森林や草原などの陸域で，あるいは水域と陸域の両方で生活するようになる。陸域の生態系と水域の生態系が隣接して存在する里山は，このような動物たちが生息していくために適している。このように里山には人間の管理によって維持されてきたさまざまな生態系が入り組んで存在しているので，全体として生物多様性の高い環境となっている。ところで，日本の環境省は「生物多様性国家戦略」で，生物多様性を低下させている要因を4つにまとめている。その1つとして，里山のさまざまな生態系を維持してきた人為的かく乱が減少していることをあげている。ほかの3つの要因は，人間の活動や開発，(d)外来生物の侵入と増殖，地球温暖化である。

(1) 下線部(a)について，雑木林では伐採以外にも人為的かく乱が加えられてきた。どのようなかく乱か，1つあげよ。

(1)

❓(2) 下線部(b)について，春植物とは樹木が芽吹く前の林床の明るい時に展葉し，開花する植物である。春植物が減少している理由を60字以内で述べよ。

❓(3) 下線部(c)のように人間によって維持・管理されてきた草原を放棄すると，植生はどのように変化するか，30字以内で述べよ。

(4) 下線部(d)について，日本で問題となっている外来生物を2つ答えよ。

(4)

（16 高知大改）

❶ 以下の文章を読み，下の問いに答えよ。

現実に見られる植生は，気温と降水量から考えられるバイオームとは異なっていることがある。(a)シベリアには，カラマツやダケカンバのなかまの落葉広葉樹林が広がっている場所も多い。また，(b)森林を人間が利用することでも植生が変化することもある。

(1) 下線部(a)について，次の文章中の空欄 ア ～ ウ に入る語句の組合せとして最も適当なものを，右の①～⑧から1つ選べ。

シベリアの落葉広葉樹林は陽樹の林であり，自然の山火事によって遷移の進行が妨げられていることで維持されている。高木は林冠に達してから ア を行うため，陽樹が林冠を占めた後，陰樹が林冠に達する前に山火事が起きると陰樹が次の世代を残せない。ここでは，山火事後に出現する明るい裸地で イ や落葉樹の種子が発芽し， ウ が始まる。

	ア	イ	ウ
①	光合成	草本	一次遷移
②	光合成	草本	二次遷移
③	光合成	陰樹	一次遷移
④	光合成	陰樹	二次遷移
⑤	種子生産	草本	一次遷移
⑥	種子生産	草本	二次遷移
⑦	種子生産	陰樹	一次遷移
⑧	種子生産	陰樹	二次遷移

(2) 下線部(b)について，西日本の低地などにみられる落葉広葉樹の林に，その一例を見ることができる。このような植生は，人間が樹木を伐採することで維持されてきた。また，落ち葉は肥料として使うために林から搬出されていた。この落葉広葉樹の林の利用を止めて長い期間放置したときに成立する植生として最も適当なものを，次の①～③のうちから一つ選べ。

① 針葉樹の林   ② 照葉樹の林   ③ 落葉広葉樹の林

(3) 山火事にも人間による利用にも関係なく，森林が成立しないこともある。日本の海岸沿いには，そのような植生が維持されている場所がある。その理由となる環境要因として最も適当なものを，次の①～⑤のうちから一つ選べ。

① サバンナのように，降水量が少なく，平均気温が高い。
② ツンドラのように，降水量が少なく，平均気温が低い。
③ 高山草原のように，降水量が多く，平均気温が低い。
④ 土壌形成が進んでいる。
⑤ 継続的に貧栄養の砂が運ばれてくる。

(21 共通テスト改)

❶
(1) _____
(2) _____
(3) _____

❷ 以下の文章を読み，下の問いに答えよ。

(a)外来生物は，在来生物を捕食したり食物や生育場所を奪ったりすることで，在来生物の個体数を減少させ，絶滅させることもある。外来生物は生態系を乱し，生物多様性に大きな影響を与えうる。

(1) 下線部(a)に関する記述として最も適当なものを，次の①～⑤のうちから1つ選べ。

① 捕食性の生物であり，それ以外の生物を含まない。
② 国外から移入された生物であり，同一国内の他地域から移入された生物を含まない。
③ 移入先の生態系に大きな影響を及ぼす生物であり，移入先の在来生物に影響しない生物を含まない。
④ 人間の活動によって移入された生物であり，自然現象によって移動した生物を含まない。
⑤ 移入先に天敵がいない生物であり，移入先に天敵がいるため増殖が抑えられている生物を含まない。

❷
(1) _____
(2) _____ ，

(2) 右の図1は，在来魚であるコイ・フナ類，モツ
ゴ類およびタナゴ類が生息するある池に，肉食性
（動物食性）の外来魚であるオオクチバスが移入さ
れる前と，その後の魚類の生物量（現存量）の変化
を調査した結果である。この結果に関する記述と
して適当なものを，下の①〜⑥から2つ選べ。

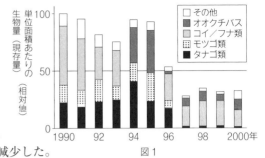
図1

① オオクチバスの移入後，魚類全体の生物量（現
存量）は，2000年には移入前の3分の2にまで減少した。

② オオクチバスの移入後の生物量（現存量）の変化は，在来魚の種類によって異なった。

③ オオクチバスは，移入後に一次消費者になった。

④ オオクチバスの移入後に，魚類全体の生物量（現存量）が減少したが，在来魚の多様性は増加した。

⑤ オオクチバスの生物量（現存量）は，在来魚の生物量（現存量）の減少がすべて捕食によるとして
も，その減少量ほどには増えなかった。

⑥ オオクチバスの移入後，沼の生態系の栄養段階の数は減少した。

(21 共通テスト改)

❸ 以下の文書を読み，下の問いに答えよ。

❸

(1) ＿＿＿＿＿＿＿

(2) ＿＿＿＿＿＿＿

大気中の二酸化炭素は，　ア　や　イ　などとととともに，温室効果ガスとよ
ばれる。化石燃料の燃焼などの人間活動によって，図1のように大気中の二酸
化炭素濃度は年々上昇を続けている。また，陸上植物の光合成の影響を受ける
ため，大気中の二酸化炭素濃度には，周期的な季節変動が見られる。図2のよ
うに，冷温帯に位
置する岩手県の綾
里の観測地点と，
亜熱帯に位置する
沖縄県の与那国島
の観測地点とで
は，二酸化炭素の
季節変動のパター
ンに違いがある。

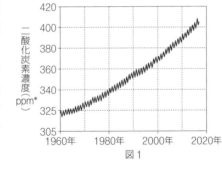
図1

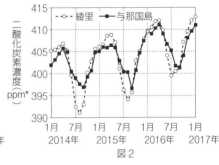
図2

(1) 上の文章の　ア　と　イ　に入る語として適当なものを，次の①〜⑦のうちから2つ選べ。

① アンモニア　② エタノール　③ 酸素　④ 水素

⑤ 窒素　⑥ フロン　⑦ メタン

(2) 次の文章は，図1，2をふまえて，大気中の二酸化炭素濃度の
変化について考察したものである。　ウ　〜　オ　に入る語の組
み合わせとして最も適当なものを，右の①〜⑧から1つ選べ。

2000〜2010年における大気中の二酸化炭素濃度の増加速度は，
1960〜1970年に比べて　ウ　。また，亜熱帯の与那国島では，冷
温帯の綾里に比べて，大気中の二酸化炭素濃度の季節変動が　エ　。
このような季節変動の違いが生じる一因として，季節変動が大きい
地域では，一年のうちで植物が光合成を行う期間が　オ　ことが挙
げられる。

(20 センター試験改)

	ウ	エ	オ
①	大きい	大きい	短い
②	大きい	大きい	長い
③	大きい	小さい	短い
④	大きい	小さい	長い
⑤	小さい	大きい	短い
⑥	小さい	大きい	長い
⑦	小さい	小さい	短い
⑧	小さい	小さい	長い

検印欄

/	/	/	/	/	/
/	/	/	/	/	/
/	/	/	/	/	/
/	/	/	/	/	/
/	/	/	/	/	/
/	/	/	/	/	/
/	/	/	/	/	/

年　　　組　　　番　名前